U0141363

點燃告別的火焰

火葬士的生命送行日誌

張孟傑——著

【作者序】

在火葬場工作多年，每天與死人相處的時間遠多於與活人，許多生前不會表現出來的愛與憎，往往會在面臨死亡這一刻而變得真實。也因此在殯儀館工作的這幾十年，真是看見很多人性的現實、冷酷與無奈，但也體會到人性的溫暖。

作為火葬場職工，從事火化這份工作時，除了不會有家屬在旁邊觀看所有的操作過程外，時間也都是在寂靜無聲之中進行。另外就是這份工作絕對不會接到往生者的「客訴」，因為沒有「亡者」會抱怨你火化得好或不好。就因這種看似無人監督的工作環境，反而讓我們時時刻刻需要保有謹慎與自律的心態，因為無人會知道我們在這裡都做了些什麼，除了舉頭三尺的老天爺吧。

也因此，這項工作除了教會我很多火化相關事宜外，更讓我懂得無論面對什麼樣的挑戰，都必須堅持自己的原則。每次看到那些被火化的逝者，心中都會默默祈禱，願他們的靈魂在另一個世界得到安息。而我們活著的人，也應該珍惜在這個世界上每一分每一秒，不辜負生命所賜予我們的每一刻。

目次

告別現場二、殯葬業裡的人踩人

告別現場三、結尾的告別是五味雜陳

告別現場一、

殯葬中你所不知道的日常

#1 初出茅廬的菜鳥看生死

在我剛進入殯葬行業的時候，經常會接到一些需要處理大體的任務。那時候，殯儀館的業務還包括接大體的工作，現在的殯儀館已經沒有這項業務。回想起來，那段日子對我來說真的是既迷茫又充滿挑戰，因為我還是個菜鳥，對於許多事都不太了解，只能靠前輩的指示和一點點的勇氣去完成工作。

有一次，我接到了一個車禍現場的任務。那是一場擦撞後的意外，機車失控擦到了前方的車子，然後不幸地被後方的公車撞上。這樣的事故現場通常是不太好看，這次也不例外。當我到達現場時，警方已經用一個小帳篷將大體圍了起來，以免來來往往的路人目睹血腥的畫面，同時也是對往生者的尊敬。

當時，我還是個新手，對於處理這樣的情況並沒有太多經驗。我看著那個帳篷，心裡既害怕又緊張。記得那時，我的心跳得很快，手心也開始冒汗。雖然明白這是工作，但在那一刻，恐懼大大籠罩我，即使如此我還是硬著頭皮走到帳篷前，心裡不停地給自己打氣。特別是掀開帳篷當下我還不斷地做心裡建設，確認大體的狀況，然後將其運送回殯儀館。這是我第一次面對這樣的場景，內心的壓力可想而知。

當我掀開帳篷的一瞬間，看到了因撞擊而嚴重變形的大體，那畫面真的令我大為震撼。身體的各個部位已經不再完整，血跡斑斑的場景使我感到一陣強烈的不適。儘管如此，我還是告訴自己，這是我的工作，必須克服內心的恐懼，專注於手頭的任務。

於是我和同事一起小心翼翼地將大體移上擔架，這過程中需要盡量保持大體的完整性，這也是對往生者的尊重。接著，我們將大體運送回殯儀館，準備進行後續的處理。這樣的任務不僅對體力是個挑戰，對心理也是一種考驗。當時的我還是個菜鳥，面對這些場景還沒有足夠的心理準備，每次完成這樣的工作，心裡都會感到一種沉重的壓力。但並非人人都能勇氣堅持，曾經也遇過新人，人都到事故現在還是站得遠遠，你也拿他沒辦法，最後是由我與其他同仁完成工作。

隨著時間的推移，我慢慢適應了這份工作，也學會了如何在這樣的環境中保持專業和冷靜。我清楚地知道，這是一份需要高度責任心的工作，因為我們處理的是逝去的生命，他們都應該被尊重和善待。後來，我遇到了更多類似的情況，不管是交通事故、意外災害，還是其他各種原因導致的死亡，這些都成了我日常工作的一部分。這些經驗的累積讓我更加明白生命的脆弱與無常，因此更加堅定地投入這份工作。

作為一名殯儀館員工，我學會了在工作中保持冷靜和專業，同時也深刻理解這份工作的特殊性和重要性。這份工作教會了我許多，也讓我對生命有了更多的思考和感悟。雖然這些經歷無疑是一種挑戰，但也讓我更加堅定地走在這條路上，不斷學習和成長。

#2 火葬場職工的職業傷害

從事火葬場職工這份工作多年，遇到過許多挑戰和困難，也親身經歷了各種職業傷害。這份工作需要高度的專業技能和心理承受能力，每天都要面對死亡和悲傷，以及處理高溫、高壓的焚化爐等等。

各項職業傷害中，對火葬場職工而言最直接的就是火葬過程產生的粉塵和煙霧所含有的有害物質，例如一氧化碳、二氧化碳、二氧化硫、氨氣、氯氣等，長時間吸入會對呼吸系統、肺部造成損害。更有來自於高溫環境的熱力傷害，像是火化爐的溫度常常高達攝氏一千度以上，這對我們的身體帶來了極大的威脅，長時間暴露在這樣的高溫環境中，很容易導致皮膚灼傷、中暑等各種熱力傷害。

記得有一次，正在處理一具大體，那天火化爐的溫度達到了攝氏八百度，這種高溫環境下我們在操作過程中是必須保持高度的集中，任何一個疏忽都可能導致嚴重的後果。就在我打開火化爐爐門準備進行下一步操作時，灼熱的氣流瞬間撲面而來，當下一陣強烈的熱浪襲擊，我臉部瞬間變得火辣辣的，當時還沒來得及反應過來，就感到眼皮上一陣劇痛。這是被高溫灼傷的感覺，我的眼皮在那一瞬間被燙傷，疼痛難忍。

那時害怕失明的強大恐懼向我襲來，幸好身體直覺反應更快，我迅速關閉了爐門，盡量保持冷靜，然後跑到旁邊的水槽，用冷水沖洗著燙傷的眼皮。冷水帶來了一絲緩解，但疼痛依然讓我難以忍受。照鏡子檢視傷勢時，先確認是不是還看得見，幸好還能看見，就看到自己的眼皮已經紅腫起來，表層的皮膚甚至可以輕輕撕下一層。雖然這是很小的事件，但因為開爐是很稀鬆平常的操作，以至於這一刻讓我深刻地體會到高溫環境對身體的巨大威脅。

這次意外之後讓我更加謹慎地對待每一次操作，也更堅持要穿戴好保護措施的程序，像是防熱手套、防護眼鏡等，來減少高溫帶來的傷害。

早期的火葬場工作環境相當艱苦，尤其是在夏季，這種艱辛更加顯著。當時的火葬場沒有配備冷氣，無論是炎熱的夏天還是寒冷的冬天，職工們都不得不在高溫環境中工作，這樣的環境對於體力和心理都是極大的挑戰。而用來降溫的做法，只有幾台工業用的大風扇擺放在周圍，試圖降低高溫帶來的不適感。還有幾台抽風扇，但它們的運作效益極其有限，幾乎對於降溫沒有任何幫助。

我還記得，每到夏天，火葬場內的溫度有時會高得讓人無法忍受。汗水不斷從額頭滑落，衣服也經常被汗水浸透。即使是這樣，仍然必須堅持完成每一項工作。只能說那時候，工作的熱真是只能靠堅強的意志力來度過每一天。

真正改變這一切的是一次意外事故。那是在某個炎熱的夏季，正值火葬場的旺季，火化爐的運作頻率達到了頂峰。一日，火化爐因為長時間的高負荷運作，爐管線突然融掉了，這導致火化爐內部的溫度急劇上升，整個工作環境變得更加難以忍受。職工們在這樣的環境下工作，說實話是超出了身體和心理的承受極限。

這次事故引起了火葬場高層的重視，當時我就順勢也去跟主管說，現場溫度實在太高，就算工作人員可以忍受，但卻導致機器設備的損壞，連爐管線都融掉是最好的證明。這才讓主管們意識到，如果不改善工作環境，不僅會影響職工們的健康和工作效率，還有可能導致更多的事故發生。因此，他們決定立即採取措施改善火葬場的工作環境。經過多次會議和討論，最終才通過在火葬場內加設冷氣系統。其實，工作環境做合理的改善對於我們這些第一線的工作職工真是很重要。隨著冷氣的安裝，我們的工作條件有了很大的改善，說真的效率是比較好。

有人會說，火葬職工長期接觸死亡和屍體，是會對心理造成沉重負擔和負面影響。但對我來說，這份工作從未讓我感到恐懼或壓力。在工作中，我總是以最認真的態度來面對每一位逝者和他們的家屬，無愧於他們的信任，也無愧於自己的內心。對我而言，這份工作並不是負擔，而是一種責任和使命。

在這個行業中，我見過人生百態，有無數家庭在親人離世後悲痛欲絕，也有家屬在告別儀式後慢慢沉澱釋然。雖然每天都要面對這些情感的起伏，但我從不將這些情緒過度帶入自己的私人生活。對我來說，理解和同情他人的痛苦是必要的，但同時也需要保持一個專業的距離，這樣才能在工作中持續前行。死亡是人生的必然終點，這點我早已看得很開。正是因為這種心態，使我能在這個崗位上持續工作，為逝者和他們的家屬提供最後的服務。

當然，這份工作對心理承受能力的要求確實很高。我見過不少同事因為無法承受這份工作的心理壓力而選擇離開。

每天與死亡和悲傷打交道是這份工作的一部分，除了重大災難帶來的成批往生者，那種震撼讓人難以平復，平時我們也會遇到許多讓人心碎的情況。例如，白髮人送黑髮人，那種老年人送別自己子女的場景，無論見過多少次，依然讓人感到無比悲哀。記得有一次，一名年輕人的父母來辦理火化手續，當他們看到孩子的棺木被推入火化爐時，母親失聲痛哭，父親則一言不發地站在一旁，眼神中充滿了無奈和悲痛。這一幕讓我也忍不住鼻酸，但我知道，自己必須保持專業和冷靜，才能完成這趟工作。

還有那些來自底層家庭的冷漠，在這些家庭中，死亡似乎只是生活中的另一個困難，他們看起來麻木，像是已經被生活壓得無力再表達情感。最令人心痛的還是那些受虐兒，他們的小小身體上佈滿了傷痕，讓人難以想像他們在短暫的人生中經歷了多少痛苦。

雖然我只是整個過程中的局外人，但這些場景還是會讓人感到揪心。不少同事因為無法承受每天面對這些悲傷和死亡的場面，最終選擇了離開這個殯葬行業。他們當中有些人可能共情能力較強，每次看到這些情景，都會感受到極大的心理壓力和痛苦，這樣的反應是完全可以理解的，畢竟，這些工作對心理的考驗是非常大的。

然而，我認為每個行業都有其艱辛和挑戰，關鍵在於如何看待和應對這些挑戰。對我來說，保持一顆平常心，不讓自己被情緒所左右，是我能在這個行業中持續工作的主要原因。當面對那些悲傷和死亡時，我會告訴自己，這是我的工作，我的責任是為這些逝者和他們的家屬提供最好的服務。這樣的心態幫助我在面對困難時能夠更加冷靜和專業。

當然，這並不意味著我對這些情景無動於衷。相反，我非常清楚這些情景帶來的情感衝擊，只是我學會了如何處理這些情緒。每當感到壓力過大時，就會找一些方法來釋放，例如運動或者和朋友聊天等，這些都能幫助我保持心理平衡。

這份工作教會了我很多，不僅僅是專業技能，還有如何面對和處理生活中的困難和挑戰。雖然這份工作有時候會讓人感到壓抑，但我依然堅持是因為這是一份重要而有意義的工作。為逝者和他們的家屬提供最後的服務，這是一種責任，也是一種榮譽。正是這份責任感和對工作的熱愛，讓我能夠在這個行業中堅持下去。

比起心理層面，肌肉骨骼損傷是比較影響我生活。我們火葬場職工的工作通常需要長時間站立，這對腰椎和腿部是極大的考驗，通常一天工作結束後，經常是感到腰酸背痛。為了減輕這些不適，注意工作中的站姿和動作，或者在休息時間進行一些腰椎和腿部的拉伸運動。此外，選擇一雙舒適的工作鞋也尤為重要，這可以大大減輕長時間站立帶來的壓力。雖說這都是復健科醫師的老生常談，但卻是我工作中的重中之重。

#3 棺木裡的危險物品

在殯葬行業中，我作為火葬場的職工，經常遇到家屬在棺木內放置各種物品的情況。這些物品往往帶有深厚的感情意義，但在火化過程中，這些物品有時候會帶來意想不到的問題。作為職工，我的責任就是確保火化過程的安全與順利，一般來說火化前，葬儀社會事先和家屬說明哪些特定危險物品是不能放入棺木。

一般來說，家屬會在棺木內放入四套衣服，象徵春夏秋冬的更替，還有往生者生前喜愛的鞋子和飾品。這些物品大多數情況下都不會對火化過程造成太大影響。然而，我最擔心的是家屬不經意間放入的玻璃罐、氣體罐子或其他可能會引發爆炸的物品。

一次，我接到了一個相對普通的火化工作。家屬告知我他們為往生者準備了他生前喜愛的衣物和飾品，並強調這些都是很平常的東西。然而，在火化過程中，事情卻突然發生了變化。

那天的火化工作進行得很順利，直到我們操作到中途，當時同仁打開操作門準備進行翻動，突然間，爐內的火焰猛烈地往外迸發，這我們稱之為「閃燃」！這種情況在平時幾乎不會發生，同仁嚇得立刻後退，但還是沒能完全躲過火焰，幸運的是，他只受到了一點輕微的燒傷，但眉毛卻被燒光了。

事後我調查了這次火化事故的原因，發現家屬在棺木中的往生者頭部位置放了一大包檀香灰。這些香灰在高溫下燃燒，工作同仁打開爐門進行翻動，導致了閃燃的發生。透過這案例想跟大眾宣導一下，即便是看似無害的物品，也可能在火化過程中引發意外。

在火化過程中，我們職工最擔心的就是家屬在棺木內放入易燃易爆的物品。像是檀香、電子儀器、香水或金屬製品等，這些東西在高溫下可能會引發爆炸，直接威脅我們的安全。此外，有些物品即便沒有燃燒完全，也會在火化過程中產生殘留物，這些殘留物可能會附著在遺骨上，增加撿骨師後續工作的困難。因此，館方都有公告不能放在棺木中的危險物品，葬儀社人員也會協助跟家屬告知，其餘就希望家屬可以為殯儀館方工作人員的安全設想，規定的危險物品千萬別隨棺放入。

除了這次的檀香灰事件，我還遇到過一次類似的情況。一位家屬在往生者的棺木內放了一個金屬罐子，這是往生者生前非常珍愛的物品。家屬出於感情考量，覺得這個罐子陪伴了往生者多年，應該一起火化。這個罐子外觀看起來非常普通，我們也一時疏忽，沒有特別注意它的材質。

火化開始後不久，便聽到爐內傳來一聲巨響，隨後便看見火焰和煙霧從操作門的縫隙中湧出。我立刻關閉了火爐，停止了火化過程。經過仔細檢查，發現那個金屬罐子在高溫下突然爆炸，罐子的碎片散落在火爐內部，甚至還有一些嵌入了爐壁。

在這些年裡，我見識了太多的意外和遺憾，也感受到家屬對於逝者的無限思念和牽掛。每一個棺木內的物品，無論是衣物、飾品，還是其他紀念品，背後都蘊含著深厚的情感和故事。我的工作，不僅僅是進行大體火化，更是要細心呵護這些珍貴的記憶。

然而，在處理這些物品時，我也必須保持專業和冷靜，確保火化過程的安全和順利。因為只有這樣，才能真正做到對逝者的尊重，對家屬的負責，讓他們安心地送別親人。

這些經歷讓我們明白，殯葬行業的工作遠不止是技術上的操作，更是一種情感的承載。我不僅要處理火化，還要承擔起家屬對於逝者的最後寄託。我們一個小小疏忽，可能會帶來不可逆轉的後果。因此，在每一個火化的過程中，我都會倍加謹慎，確保每一個細節都處理得當。

在殯葬行業中，我們面對的是無數個家庭的悲歡離合，每一個棺木內的物品，都代表著家屬對往生者的深情厚意。我們的工作，就是在這樣的情感交織中，為他們提供最安全、最專業的服務，讓逝者得以安息，讓家屬得到慰藉。

這邊要特別要提到的是「心律調節器」，心律調節器在火葬過程中的危險性讓我們職工特別緊張看待。根據政府的規定，醫療單位必須在往生者從醫院出來前，將心律調節器取出，因為這種裝置如果隨著遺體進入火化爐，是會因高溫引發爆炸。然而，雖然有這樣的規定，但實際操作中卻並不總是能夠落實，家屬往往希望往生者的身體保持完整，這使得這項規定的執行變得困難。

我自己在工作中就曾遭遇過這樣的危險。有一次，我按照常規打開操作窗口進行火化過程中的檢查和翻動，結果一個隨著遺體進入爐中的心律調節器突然爆炸。那物品就像是一個小型爆裂物，瞬間火光四射，碎片如同利刃一般飛濺出來。其中一塊碎片直接擊中我的臉，鋒利程度如同古代的血滴子一般，讓我當場受傷。最後我甚至不得不進行臉部手術，縫了十幾針。那次事故之後，後怕讓我意識到假設這狀況中，如果當時碎片偏一點打中眼睛，那可能會導致我終身失明。想到這點我不禁冒得一身冷汗。

這次經歷給了我深刻的教訓，讓我更加謹慎對待火化過程中的每一個細節。雖然規定是明確的，但考慮到家屬的傳統觀念以及他們對喪葬儀式流程的期望，我理解他們不願讓遺體再經受手術的痛苦。然而，這也讓我們火葬職工面臨更大的風險。

為了避免類似的事故再次發生，我在操作時改變了流程。我不再立即打開操作窗口檢查或翻動，而是先調整火化爐的面板和風量，讓爐內的溫度穩定升高，等待約十五分鐘後，確保棺木已經充分燃燒，並且所有可能爆炸的物品也已爆裂無再爆裂的風險，這樣再進行下一步操作會更加安全。這樣的操作方式減少了風險，但依然需要高度警惕。

此外，我也開始對新來的同仁進行更嚴格的培訓，特別是強調在操作過程中的注意事項。要求後進的新人他們在打開操作窗口前，必須確保爐內的棺木已經充分燃燒，並且在進行任何操作時都要保持冷靜和警惕，隨時準備應對突發狀況。我們還制定了更嚴密的操作流程，並且在每次操作前都會進行詳細的檢查，確保沒有任何遺漏。

雖然火葬工作本身帶有一定的風險，但通過不斷的經驗總結和改進操作流程，我們盡力將這些風險降到最低。即使如此，每次當我站在火化爐前，聽到那嘶嘶作響的火焰聲時，仍然會感到一絲緊張。這種緊張感提醒我，這份工作背後承載的不僅僅是技術操作，更是一份沉重的責任。我們要確保每一位往生者都能在尊嚴的情況下完成最後的旅程，同時也要保障我們自己火葬職工的工作安全。

隨著時間的推移，我對這份工作有了更深的理解和尊重，不僅僅是一次次的火化操作，更是對生命最後一程的守護。每次看到家屬在告別式上的淚水，我都能感受到這份工作的重要性。這種感受激勵著我，無論面對多少困難和風險，都要以最專業和負責的態度完成每一次任務。這是對往生者的尊重，也是對我們這份工作的最高敬意。

＃4 扭動吶喊的往生者

在殯儀館多年，外界對於我們工作有許多奇怪的謠言，例如：若透過火化爐的窺孔去看火葬過程，大體是會因為焚燒而狂亂扭動；還有火葬時，大體是會發出哭聲或嘆息聲等等，這都是對火葬工作環境不理解而產生的謠言，也讓我們工作增添神祕與靈異色彩，但其實一切都是可以透過科學解釋。

以前遇過家屬提出要求，說想觀看整個火化的過程。我通常會尊重家屬的願望，在確保安全的情況下讓家屬來觀看，但說觀看，其實就是透過窺孔看一下，多數時間也就在旁邊等待火化這樣子而已。那天當大體開始焚燒時，其中一名家屬從窺孔中注意到大體有微微移動，於是很驚慌跟我們詢問。

因為我有經驗，當下就知道家屬的質疑，但還是先確認後，才跟家屬解釋說，這是因為高溫讓人體的肌肉收縮和體內氣體的作用，打個可能不是很恰當但卻清楚的比方是烤肉時，肉會因為火烤而捲曲，所以大體的移動並不是什麼死而復生，而是人體在火化時的正常現象。

幸好家屬冷靜後，理解並接受了這個解釋，因為他們自己仔細想想也知道往生者到火化這階段，是完完全全沒有復活的可能。

至於聲音，無數次的火化操作我就遇過很多被家屬質疑的情況，記憶最深刻的一次，是我在工作第三年的某個秋天。那天，對我來說就是進行一場普通的火化儀式。逝者是一位年逾古稀的老人，家屬們為他舉行了簡單而隆重的告別儀式。當大體被推入火化爐開始火化時，爐內發出了一些聲音，這讓現場不解狀況的家屬產生疑慮，我也是先讓家屬冷靜，透過說明讓家屬理解當遺體進入高溫的火化爐後，體內的氣體和液體會因高溫而膨脹並排放，這會產生一些聲音。這些聲音是由於遺體內部的氣體在高溫下膨脹和排放所引起的，對於我來說，這些聲音是正常的火化過程中常見的物理反應。家屬們聽完我的解釋後，臉色逐漸緩和下來。其實，在冷靜思考之後，他們也意識到往生者在這種情況下是不可能復活的。

這邊要特別科普一下，首先，在死後，人體的肌肉已經完全鬆弛，是不可能再像活人一樣有力氣作出誇大的動作。進行火葬時，大體被放入火化爐中，在高溫高壓的焚燒下，這個過程中，大體可能會因為氣體的膨脹而輕微移動，但是並不會像傳說的那樣有激烈的動作發生。

再來，火葬時大體會坐起也是不正確的謠傳。之所以會有這種說法可能是由於火化時燃燒的火與風的聲音。另外，燃燒過程會產生聲音，特別是在開始燃燒時可能會有爆炸聲。此外，焚燒過程中機器本身也會產生聲音，比如焚化過程中產生的氣體在排放到大氣中可能會發出嘶嘶聲。

總之，這些聲音都是由於焚化過程中產生的物理反應所導致的，與死者本身沒有關係。可由於民眾對這類喪葬場所本來就心存畏懼，因此當現場發生無法不合理的情況時，大家敏感的心理就容易產生各種靈異謠傳，這是可以理解的。

#5 不合理的要求

在化妝室工作時，曾遇過一個家屬的要求，讓我印象深刻。當時，家屬希望我為一位溺斃的往生親人穿上生前的衣服。這看似普通的要求，實際上對我們來說卻是一個極大的挑戰。因為溺斃的遺體，由於長時間浸泡在水中，身體不僅變得異常腫脹，甚至都開始腐爛，這狀況下，大體的皮膚下方的油脂會浮上來，皮肉也分開了，四肢是無法承受任何外力，更別說穿衣了。

通常情況下，對於這樣的遺體，我一般會採用鋪蓋衣服的方式來處理。也就是說，將衣服平整地鋪在往生者的身上，而不是穿在他們的身上。這樣做是出於對遺體狀況的考慮，也是出於對逝者的尊重。我們並不是不願意滿足家屬的要求，而是現實情況下，家屬提出的要求是無法做到的。

因此當家屬滿強硬地提出這個要求時，我是先耐心解釋其中的困難。首先，讓家屬明白溺斃遺體的特殊情況。由於長時間浸泡在水中，遺體的皮膚會變得非常脆弱，一碰就可能破裂，內部的器官也會因為腐爛而流出水份。這樣的遺體如果強行穿衣，不僅無法達到預期的效果，反而會讓遺體更加破碎，無法保持現有的外觀。

其次，我進一步向家屬解釋，在這種情況下，鋪蓋衣服是最好的處理方式。這樣既能讓遺體保持整潔與完整，也是尊重逝者使其臨走時盡可能地保有原有的樣貌。鋪蓋衣服時，我會盡量保持衣服的整齊和平整，讓遺體看起來依然莊重肅穆。

然而家屬在聽到這樣的解釋後，依舊堅持著原先的做法，我甚至請來更上層的主管從技術層面耐心地向家屬說明實際情況。然而，家屬情感上還是無法接受，甚至不理會我的解釋，滿是強硬地想維持他們的原本的做法，後來還揚言說要找民代議員來施壓，要求我們照他們家屬的想法執行。

這就讓我不得不遵循家屬的要求處理，只是我也提出要求，記得當時我客氣地說：「您們有這樣的需求，我們都會盡力協助達成，不過為了避免穿上衣服後還有爭議，希望在幫往生者穿衣時，請您們家屬務必在旁確認，讓這程序可以一次做好，也是讓往生者不要多次的折騰。」

之所以提出這要求是為避免執行後家屬還有其他要求與爭議，所以幫往生者穿衣過程家屬必須全程觀看。這下換家屬為難，可聽我這樣站在家屬自己與往生者的角度考慮，家屬態度明顯軟化，但也讓他們陷入兩難，因為要他們看著這種狀態的大體穿衣，雖然說是自己的至親，但我相信多數人心理上還是會有障礙。可是剛剛他們這麼堅定要求，一時也騎虎難下，於是就真的現場看我幫往生者穿衣。

記得當時大體推進化妝室，家屬在往生者頭部方向，站著一排，屍袋都還沒打開，味道就已經瀰漫得整得化妝間都是，當時看家屬都還一臉忍耐。直到屍袋打開味道散發出來，感覺有人就快承受不了。

我裝作沒看到，正常地要幫往生者穿衣，但由於往生者腐爛狀況真是很嚴重，所以當我拉著往生者大體的手要穿衣時，表皮因為油脂浮出表面，皮與肉早已分離，所以非常地油滑。有家屬看到這邊就飛也似地跑出化妝室，只聽見外面傳來陣陣嘔吐聲，還不只一人。最後，經過一番努力，只能說我也是佩服自己多年累積的經驗，不斷調整穿衣服的方式，來避免皮膚繼續滑落，最終切合家屬的要求，讓往生者得以體面地走完最後一程。

#6 關於燃燒這件事

在火葬場工作的經歷中，有許多讓人印象深刻的事情，其中最重要的一點就是遺體的燃燒狀況。工作的這些年經驗讓我明白，不同遺體在火葬時所需的時間和處理方式有很大的差異。有時，一具遺體可能需要將近兩個小時才能完全燒好，這往往與遺體本身的體積和棺木內的助燃物有很大的關係。

一具遺體的燃燒速度，取決於多種因素。首先，遺體的體型和性別會影響燃燒的效率。一般來說，女性的遺體通常較輕，骨頭也較細，因此燃燒的速度相對會比較快。而男性的遺體，尤其是體型較大、體脂較多，燃燒起來就會比較慢。體型肥胖的人在燃燒時，體內的油脂會流出來，但這並不代表燃燒會更快，反而可能需要更多的時間。

此外，棺木內的助燃物也非常重要。很多家庭會在棺木裡放入四套衣服，象徵春夏秋冬，除了表示家屬的關愛，象徵著家屬希望逝者在另一個世界也能夠衣食無憂，四季都有合適的衣物穿戴，這是一種對逝者生活細節的關懷；這四套衣服也象徵春夏秋冬四季輪迴，表達了生命不息的觀念。這是對生命自然循環的認識和尊重，讓逝者在另一個世界能夠感受到四季的變化。

再說到家屬常會放入棺木的物品，除了常見的是逝者生前的衣物，這些物品不僅是紀念品，還能幫助燃燒過程更加順利；有些家庭甚至會放入紙錢、鮮花等易燃物，這些都能有效縮短燃燒時間。

有一次，我遇到了一具體型嬌小的女性往生者，她的家人按照傳統習俗，為她準備了四套衣服和一些她生前喜愛的小物件。這些物品幫助燃燒得非常順利，大約一個多小時就完成了火化過程。相比之下，另一具體型較大的男性往生者，他的家屬縱使只放了一套簡單的壽衣，沒有其他助燃物，這樣的情況下，燃燒過程就比較久，將近兩個小時才完全燒好。

還有個特別的案例至今讓我記憶猶新。那是一位年邁的老人，他生前曾經是教師，終其一生熱愛閱讀，尤其是對一套經典藏書情有獨鍾。老人去世後，家屬決定將這套經典藏書作為陪葬品放入棺木中，象徵對老人生前愛好的尊重與懷念。

當老人的遺體被送到火葬場時，我按照常規程序開始進行火化，由於書籍是紙質材料，非常易燃，火焰在接觸到這些藏書後迅速燃起，並且以驚人的速度蔓延開來。整個燃燒過程比平常快速得多，火焰很快吞噬了書籍，帶動了遺體的燃燒。通常情況下，一具遺體的火化時間大約需要一個半小時到兩個小時左右，但這次的焚燒時間僅僅一個小時出頭，比平常快了不少。記得當時我站在火化爐前，看著火焰猛烈地燃燒，心中不禁感嘆這位老人在生前對書籍的熱愛，竟在這最後一程中成為了燃燒的助力。家屬在這個過程中表現得非常平靜，他們知道這些書籍對老人來說有著特殊的意義，這樣的安排不僅是對老人的尊重，也讓他們在心中有了一種安慰感，彷彿老人在另一個世界依然有喜愛的書籍相伴。

在火葬場工作經驗中，遇到過各種類型的大體，體型和陪葬品的不同確實會影響焚燒時間。比如說，停棺的大體燃燒速度通常會比較快。停棺期間，大體內臟已經腐爛，屍水會流出並被底部的庫錢吸收，這些庫錢通常是紙做的，鋪在大體下方用來祭奠逝者。當遺體放入火化爐時，庫錢因為濕潤而不易燃燒，但遺體本身卻會因為腐爛而燒得很快。

記得有一次接手一具停棺多日的大體，當遺體送放入火化爐時，火焰很快地開始吞噬遺體。然而，由於遺體本身的腐爛程度較高，特別是內臟的部分，整個燃燒過程比平常快了許多，大約四十五分鐘後，遺體已經基本燒盡，而庫錢還留在火化爐的底部，顯得有些濕漉漉的。

在火葬場工作的這些年，遇到了各種各樣的遺體，每一具遺體都有它獨特的燃燒特性和處理方式，這些經歷累積讓我學到了如何更有效地掌握工作進度。每一具大體都代表著一個生命的結束，我的工作就是在這最後的過程中，確保往生者走得順利，而家屬在最後的告別盡可能沒有遺憾。

#7 國內外方式大不同

同事過去曾經分享在美國殯儀館見習的經歷中，我注意到各國對於往生者的尊重和處理方式有著不同的標準。在美國，同事分享自己看到的一種比較人性化的處理方式，相較於台灣早期的做法，美國在大體處理上顯得更加細緻和尊重。

以解剖為例，在大體解剖後，通常會將頭部進行縫合。在這個過程中，頭蓋骨需要鋸開以便查看腦部情況。為了獲得更好的視角，整個臉皮會被掀開，頭蓋骨會被取下以確認腦部狀況。在確認完畢後，腦部會被放回，頭蓋骨也會重新蓋上。這樣的操作在台灣早期是比較常見的，並且在頭蓋骨放回後，臉皮會被拉回來並縫合。然而，台灣在這個過程中往往忽略了頭蓋骨的固定，這就導致了頭部頭骨之間的移位問題。

在美國，這個過程會更加仔細。當頭蓋骨放回原位時，他們會使用類似訂書針的工具來固定頭蓋骨，確保頭蓋骨不會再移動。這樣的做法可以避免在後續處理過程中出現問題，並保證大體的完整性。

而在台灣早期，由於沒有這樣的固定步驟，我在工作中所接觸的大體如果頭部有過解剖的情況，在移動或化妝時，就能感覺到頭骨的移動。這樣的情況不僅影響了最後呈現效果，也增加了我們在處理過程中的困難。

因此，在我的工作中，特別是在大體化妝的過程中，了解和掌握不同國家的處理標準對我們來說是非常重要的。這不僅有助於提高工作上的專業技能，也能讓我們更好地尊重和處理每一位往生者。

對大體化妝師而言，處理往生者的皮膚顏色問題是一個重要的環節。特別是那些因肝病過世的往生者，他們的皮膚會顯得異常的黃。這在台灣的處理方式上，通常只是進行基本的化妝和處理，因為大多數人都是黃種人，皮膚本來就偏黃，所以對於皮膚的黃化問題，處理上並不會很細緻。這種情況下，我們會盡量在化妝時遮蓋一些黃斑，但整體上不會有太大的改變。

然而，同事在美國殯儀館見習期間，觀察到了另一種處理這類問題的方式。在國外，尤其是當死亡證明書上註明因肝病死亡的情況下，專業人員會進行額外的處理。這些國外的殯葬專業人員會為這類大體注射特殊藥劑，這些藥劑的目的是將因肝病而導致的蠟黃皮膚轉變為更自然的顏色。

這些藥劑的使用可以顯著改善大體的膚色，使其不再顯得那麼病態。注射後，藥劑會迅速與皮膚內部的顏色進行調節，使皮膚從蠟黃的顏色恢復至生前的自然膚色。這種處理方式對於家屬來說非常重要，因為它能夠提供一個往生者更為自然的樣貌。

在這次見習的機會中，同事就親眼見證了這些藥劑的效果。當往生者的皮膚由病態的黃變回自然的顏色時，整體的外觀變得更加平靜和舒適，這對於家屬來說是一種極大的安慰。這些細緻的處理方式不僅展現了對亡者尊嚴的重視，也體現了對家屬情感的體貼。

回到台灣後，同事分享儘管原有殯葬工作環境和操作標準在一些方面未能完全跟上國外的做法，但這些經驗還是讓我們對細節處理有了更深的理解。回頭對應在工作中，無論是在化妝還是處理大體時，我們就更加注重細節，力求讓往生者的外觀更加自然和和諧，希望能夠提供給家屬一個更為完美的告別儀式。

例如，在處理皮膚顏色變化時，化妝師就會選擇適合的化妝品來調整皮膚的顏色，這邊想要分享一件大家可能不清楚的事，大體化妝所使用的化妝品很多其實是專櫃精品，例如香奈兒、

CD等，這是大體化妝師們長年工作下來所累積的使用經驗。因為大體皮膚跟活人的不一樣是沒有溫度的，而且大體會需要進出冰櫃，油脂浮出跟退冰的水氣等狀況都很挑戰化妝品的品質，因此大體化妝師長年使用下來，經過多次比較後，唯有專櫃精品的化妝品可以在化妝過程中做到避免過度掩蓋，又能保持皮膚的自然質感，是相當難得。此外，也會注意到大體的姿勢和外觀，確保最終的效果能夠符合家屬的期望。

這些國外的做法和經驗雖然在台灣實際的工作環境中難以完全實施，但對於專業發展和工作態度卻有著深遠的影響。藉由同事的分享我也在從業過程中不斷地學習和進步，以便在處理每一具大體時都能夠做到最好，提供給家屬一個安慰和尊嚴的告別儀式。

#8 習俗的從與不從

在殯葬行業中，我常常會遇到各種特殊的家庭要求和傳統習俗，無論要求為何，我們都是盡量滿足為首要準則。記得有一次，我接到一個家庭的特殊要求，這戶家屬嚴格遵循古老的喪葬儀式，要求我們為往生者穿上所謂的「七領五腰」，即七件上衣和五條褲子。這傳統禮儀的設計目的是為了讓往生者在另一個世界能夠穿得整齊、周全，並且不缺少任何生活所需的基本物品。這項習俗是有深厚的文化和宗教意涵，表示對亡者的尊重和對來生的祝福。根據傳統，這些衣服通常分為內裡和外衣層，數量雖然看似很多，但實際上只要內裡都算兩件，並不如想像得穿得層層堆疊很厚實。

然而，這家人對這些古禮的概念只了解一半，因此還真是依照字面意思拿來了七件上衣和五條褲子。他們帶來的衣物包括幾件襯衫和外套，態度誠懇卻強烈地要求我們將這些衣物一一給往生者穿上。對於我來說，這真是一個不小的挑戰，因為往生者的身體已經僵硬，穿衣的過程遠比平常困難得多。然而，家屬既然提出了這樣的要求，我也只能盡力滿足他們的心願，於是，我開始想辦法將這些衣物一件件地穿上往生者身上，這過程既費力又費時，但最終還是完成了。

我多年的工作經驗中，台灣殯葬人員對往生者穿衣服的技巧是最厲害。以台灣為例，家屬非常重視往生者的穿著，儘管這些衣物最終是要被火化的，家屬們仍然希望大體能像在世時一樣，穿戴整齊。而美國的做法則有所不同。在美國，往生者通常只會穿著表面看起來整齊的衣服，而衣物的背面通常會剪開，這樣的做法是為了方便穿脫，但看起來卻和台灣的傳統有所不同。

之所以會知道這點的不同，是因為有一次我遇到了一個特殊的案例。一位台灣企業老闆在美國逝世，家屬將他的遺體送回台灣安葬。從國外運回遺體並不是一件容易的事，過程中是有許多行政流程和相關細節需要處理，包括大體的防腐處理和棺木的選擇等。

根據台灣的規定，國外運回的棺木必須符合一定的標準，而有些棺木是使用鐵片製作的，不符合台灣的傳統要求。因此，往往在大體返國後，我們是需要將大體從鐵片棺木中移出，並換上符合台灣標準的木製棺木。這過程中我還必須非常小心，因為大體已經打了防腐劑，身體僵硬，稍有不慎就可能造成毀損。

在為這位企業家換棺木的過程中，我仔細檢查了大體的穿著，發現這名往生者在美國的殯儀館被穿上了一套相當正式的西裝，表面看起來相當整齊，但翻過去一看，才知道衣服從背面被剪開是完全敞開，衣服是從前面套上的。既然到我這邊，我決定為往生者重新穿好衣物，讓他在故鄉的土地上以最體面的樣子安息。

這樣的案例並非唯一的案例，隨著全球化的發展，我不時會經手到從國外運回台灣安葬的案例，這也給我們的工作帶來了新的挑戰和嘗試。我們必須了解並尊重不同國家的殯葬文化，同時也要遵循台灣的傳統和規範。

在殯葬業工作多年，我見證了各式各樣的家庭故事和習俗，這些經歷讓我對生命和死亡有了更深的理解。我在面對家屬的要求時，無論多麼困難或不尋常，始終以最大的耐心和專業來處理。因為我深知這些時刻對於家屬來說是無比重要的，每一個細節都關乎他們對往生者的最後告別。

總的來說，殯葬行業不僅僅是一份職業，更是一種使命。我承擔著幫助人們走過人生中最艱難時刻的責任，在面對每一具遺體時，我們都懷著對生命的尊重，努力將每一項工作做到最好。這是我對這份職業的堅持，也是我對往生者和他們家屬的承諾。

#9 實務經驗才是首要之重

許多人認為殯葬行業會對從業者的心理和生理造成負面影響，甚至有人相信長期從事這行業的人會變得冷漠無情，然而，實際情況並非如此，當我剛開始從事這行業時，確實感受到心理上的衝擊。第一次看到大體時，那種震撼難以形容，但隨著時間的推移，逐漸適應了這份工作，現在，燒了一早上的大體後，我依然能在中午時分享用午餐，不會覺得有任何不適或影響，對多數的殯葬業者而言，其實工作就是工作，並不會對日常生活產生深刻的影響。

外界對殯葬行業存在許多誤解，認為這行業的流動率很高，實際上，在我那個年代，殯儀館的火葬職工是屬於公務員，這份工作穩定且有保障，收入也不錯。然而，隨著制度的改變，北市府目前政策改為遇缺不補，若有人員需求則一律採內部調動，即便如此，這行業依然吸引了許多人，主要原因是我們單位有一項提成獎金制度，在同樣的底薪條件下，我們火葬場的員工每月實際收入再加上高達萬元的提成獎金，總收入相當可觀，因此，還是有許多人願意加入殯儀館工作。

如今，工作市場更加注重證照制度，包括殯儀館也不例外。招聘時通常會希望應聘者來自相關科系，並要求他們擁有相關的殯葬證照，例如南華大學的生死學系。然而，這些新鮮人進入職場後，發現自己在校時期所學的專業知識與殯儀館的實際業務之間存在著巨大的脫鉤，這使得他們在館內工作時，依然需要從頭學起，積累現場操作經驗，證照的存在確實重要，但真正決定一個人能否勝任這份工作的還是在現場的實際操作經驗和能力。

在我看來，殯葬行業應該在考取證照資格上，更加重視實際操作的部分。因為在現場操作時需要的是有實際操作經驗的人，而擁有證照的新人，真正進入到殯葬工作現場定會面臨許多細節和實踐，而這只有通過長時間的現場操作和不斷的學習，才能真正掌握這份工作的核心技能，證照只是入門的敲門磚，真正的挑戰在於實際的工作中如何應對各種突發情況和細節操作。

記得有一次，我負責帶領一位剛畢業不久的新同事，他就是畢業於大學的生死學系，理論知識非常豐富，對殯葬禮儀、心理輔導等方面瞭若指掌。然而，當他第一次面對大體時，還是顯得手足無措，我從旁指導他，耐心引導他如何處理每一個細節，從清潔大體到穿戴衣物，再到最後的儀容整理，每一步都需要細心和耐心。他學得很快，但我知道這僅僅是開始，因為未來實務上還會面臨到更多的挑戰。

另一個例子是同仁明美，她剛加入殯儀館時，對這行業充滿熱忱，但在面對第一具大體時，我印象很深刻，她臉色蒼白整個人魂不附體，還雙手顫抖，我一度很擔心她的狀態，多次提醒她有不舒服要說，她還是保持專業，硬著頭皮完成工作。我很理解她的感受，初來乍到這工作勢必會有一個適應的過程。我是告訴她，這份工作需要時間來適應，需要心理上的堅韌和專業的態度，不懂就是多問。隨著時間的推移，這同仁才逐漸克服了恐懼，變得自信和熟練，現在她已經成為我們團隊中不可或缺的一員。

第三個例子是同仁阿德，他是年屆不惑時才轉入殯葬處。在這之前，他在其他單位積累了多年的工作經驗，由於身邊親友的推薦，使得他知道殯葬處薪資待遇是相當不錯，才讓他最後毅然決定轉行進入這個領域。阿德本身的優點在於他擁有豐富的社會經驗和沉穩的性格，但他起初缺乏相關的專業知識，所以新人階段面對許多操作流程時，時常感到困惑跟挫敗。

不過，阿德並沒有被這些挑戰嚇倒，他以積極的態度面對每一個困難，虛心向同事請教，加上細心的觀察力，讓他加入我們沒多久，就迅速掌握了工作技能。他的生活經驗和認真的工作態度，成為了他在這行業中的寶貴資產。現在，阿德已經是我們部門中一名不可或缺的優秀同仁，他的轉型成功也為我們的團隊增添了一位可靠的夥伴。

殯葬行業需要的是一顆沉穩的心和一雙靈巧的手，這份工作需要的不僅僅是理論知識，更需要實際操作的經驗和技巧。每次的操作都是對逝者的尊重，每一次的儀式都是對生命的禮讚。我們需要也歡迎更多有志之士加入這個行業，用心去做好每一份工作，讓每一位逝者都能夠在最後一程旅途中得到最好的對待。

對於那些有意進入殯葬行業的年輕人，我想說，不要被外界的誤解和偏見所影響，這是一份值得尊重和驕傲的工作。證照固然重要，但更重要的是你是否願意用心去學習，是否願意在每次操作中不斷進步。只有這樣，才能真正成為一名合格的殯葬從業者，為每位逝者提供最好的服務，為每一個家庭帶去最後的慰藉。

#10 靈異故事其實沒有那麼多

在我多年的殯葬業工作經歷中，我逐漸習慣了這份工作帶來的挑戰和情感負擔。雖然我從未感應過任何靈異現象，也未曾親身經歷過靈異事件，但這份工作對我來說就是一份充滿責任感和專業要求的職業。

早期，我的同事主要負責停棺室的管理。停棺室是放置往生者的地方，根據不同宗教的信仰，有些大體不會放入冰箱，而是直接安放在棺木中，等待出殯。佛教徒通常不喜歡將往生者放入冰箱，因此這些往生者會集中放在停棺室中。停棺室的光線往往昏暗，給人一種陰森的感覺，彷彿隨時都充滿了陰氣。

在這樣的環境下工作，我的同事負責二十四小時輪班制，確保停棺室的安全和運行。這個停棺室的唯一出入口是大門，晚上會用鎖鎖住，同事通常會在旁邊的辦公室值勤。

某晚，他在執勤時突然聽到停棺室裡傳來女性的細微哭聲。這聲音讓他感到非常驚恐。於是，他檢查了一遍停棺室，確保沒有任何人被困在裡面，但他知道這樣的機率幾乎不可能，以至於整晚都無法入睡。第二天，他立即外出去買了金紙和供品，進行祭拜，以求安撫心中的不安。隨後，他申請了調離停棺室的工作，轉至其他崗位。

與此相對的是，我自己在工作中沒有遇過靈異事件。還記得有一次，凌晨兩三點，葬儀社急著要我們處理一具溺水的往生者。這具大體全身沾滿了沙泥，口鼻也塞滿了泥沙。儘管是深夜，我仍然獨自進入停屍室，開始清理這具大體。我必須一一清洗大體的每個部位，甚至連鼻子裡的泥沙也要沖掉，確保大體潔淨。這是一個需要非常仔細和貼近大體的工作，所有的細節都必須被妥善處理。

在這樣的情境下，我的一些同事有時會覺得我的態度顯得過於冷靜，甚至有點冷血。他們覺得相比起無血色的往生者，我淡定的反應是有點讓人害怕。但對我來說，這並不是冷血，而是對工作的責任心。每一具大體的處理都是我的責任，我的職責是確保每一位往生者都能得到最好的處理，以安慰他們的家屬。我深知這份工作的特殊性和挑戰性，因此我始終保持著專業的態度，竭盡全力完成每一項工作，無論是在白天還是夜晚。

有人曾經問過我一個問題：「你會覺得這份工作對你的精神或運勢有影響嗎？」對於這個問題，我的看法是，能在殯葬行業服務是一種善緣，只要始終保持著對工作的認真和負責。無論從事什麼職業，專注於自己的本分、扮演好角色，都是做好工作的基礎。這份工作需要我全心投入，並確保每位往生者都能夠得到應有的尊重和處理。

我的工作態度和做事方式，受到了一次特別經歷的啟發。那次經歷是在我們的火化爐需要維修時發生的。當時，台灣的設備發生故障，解決的唯一方式是請原廠師傅來修理，所以廠商就真的請來了日本原廠設計該爐子的師傅來台灣進行維修。那天晚上，我正好值班，看到這位日本師傅獨自一人蹲在爐子的後面專心修理。

修理工作從晚上十點開始，直到凌晨兩點多快三點才完成。雖然已經很晚了，但這位師傅並沒有急著離開。他專注於每一個細節，確保工作完成得無可挑剔。第二天早上，我去到爐子後面時，發現師傅已經離開了。他修理的範圍，甚至是周圍的環境，都被整理得非常乾淨。這種一絲不苟的工作態度讓我深感佩服。

這次經歷給了我很大的啟發。在我看來，不論從事何種工作，都應該像那位日本師傅一樣，無論多晚，無論多小的細節，都要做到最好。這樣的專業精神和責任感是值得我們每一位工作者學習的。從那時起，我更加堅定了自己的信念，無論是在日常工作中還是遇到困難時，都要以最認真的態度去面對。

在三十年的工作生涯中，我沒有遇到過任何靈異事件，這也讓我能夠更加專注於工作。對我來說，這份工作不僅僅是完成日常的任務，更是一種對往生者的尊重和對家屬的承諾。每一次的工作任務，都需要我以最認真的態度來完成，這樣才能真正做到對得起自己和每一位往生者。

告別現場二、

殯葬業裡的人踩人

#1 殯葬業這行就是人吃人

在殯葬業界，尤其是知名大企業的葬儀社，內部競爭和鬥爭其實非常激烈。這個行業對於服務品質有著極高的要求，因為大家都非常重視對身後事的辦理。因此，業務人員的表現直接影響到公司的口碑和業績。

在這樣的環境中，優秀的業務人員常常會因為出色的服務而獲得家屬的高度評價和推薦。舉例來說，我認識一位名叫小李的業務員，她是一名年輕的小女生。由於她親和力十足，並且非常注重細節和服務，因此她在家屬中建立了良好的口碑。她的服務不僅讓人感到溫暖和體貼，而且能夠有效地滿足家屬的需求，讓他們感受到被重視。

由於她的優異表現，小李經常會收到家屬的指名要求，希望她來負責他們的葬儀事宜，所以她的業績十分驚人，我曾親眼看過她光是扣繳憑單就已經達到四、五十萬的金額，這顯示了她在這個行業中的成功和她的業務手腕。然而，這樣的成功也讓她的工作量非常龐大。她的日程幾乎總是排滿了各種各樣的工作和客戶，幾乎沒有休息的時間。

儘管小李的業績突出，這樣的成功自然也會引來一些同事的嫉妒。工作場所的競爭往往伴隨著一些不愉快的情況，比如抹黑和內部鬥爭。小李也不例外，我就曾聽她聊過自己的親身經歷，像是她的同事對她進行不實的指控或散播負面謠言，以此來降低她的名聲，進而達到自己的目的。

小李就說有一次，她一名同事在休息室內流傳自己在工作中疏忽大意，甚至故意給客戶造成困擾的謠言。這些謠言毫無根據，但卻成功地在一些人心中種下了疑慮的種子。

另一次，小李處理了一個特別複雜的案件。這是一位非常重要的客戶的親屬，要求非常高，對服務的細節一絲不苟，因此小李耗費了大量時間和精力，確保每一個細節都達到客戶的期望。最終，這位客戶對她的服務非常滿意，甚至還寫了一封表揚信。然而，就在表揚信公佈的那一天，另一位業務員卻將這封信的內容扭曲，試圖把這封信說成是小李在拉攏客戶，還暗示這封感謝信是小李利用不正當手段，想要來獲得公司表揚的手段。俗話說「壞事傳千里」，沒人看見小李的努力，但這些不實的八卦言論卻迅速在同事之間傳播，對小李造成了很大的困擾。

此外，還有一次，小李在一個夜晚的工作中，因為處理一位急需安置的遺體而工作至凌晨。雖然她的工作得到了家屬的高度評價，但她的疲憊狀態被一些同事誤解為不專業的表現，還有更加惡質的同事甚至散布了她在工作中因為過於疲憊而失誤的謠言。這些指控雖然無實質證據，但卻在公司內部引起了不必要的關注，影響了她的職業聲譽。

小李面對這些挑戰，始終保持著專業的態度和冷靜的心情。她沒有被這些內部的陰謀和抹黑所擊倒，反而更加堅定地履行自己的職責。她知道，在這個行業中，真正的挑戰來自於如何在困難和嫉妒中保持自己的專業水準。她繼續專注於提供最好的服務，並且努力維護自己的職業聲譽，這也讓她在這個複雜的環境中仍然保持了優秀的業績和口碑。

這種情況在高度競爭的工作環境中並不少見。業務人員之間的競爭不僅僅體現在業績上，還包括對客戶的服務品質和個人的職業道德。小李的情況就是一個明顯的例子，展示了在一個高度競爭的行業中，如何面對來自同行的嫉妒和挑戰。

儘管面臨接二連三地誣陷與抹黑，小李依然一心一意地堅持在自己的專業服務與職業道德，努力提供最好的服務。她對工作的熱情，使她在這個充滿挑戰的行業中脫穎而出。從我這第三人的角度來看，她的成功不僅僅是她個人能力的體現，也反映了她對這份工作的熱愛和對每一位家屬的尊重。在殯葬業這樣一個特殊的行業中，優秀的業務人員往往需要付出更多的努力和心血，才能在競爭激烈的環境中保持自己的地位和聲譽。

另外還有聽說也是一家知名的葬儀公司內，員工們經常需要通過家屬的推薦來獲得新客戶。一位名叫老陳的資深員工已在公司工作多年，建立了廣泛的人脈和良好的口碑。新入職的員工小林則希望通過積極拓展新客戶來提升自己的業績。

老陳有一位熟識的家庭，即將為其父親安排葬禮。這家人一直都很信任老陳的服務，因此一開始是打算將葬禮事務全權交給他處理。小林知道這一訊息後，試圖通過其他渠道與這家人接觸，希望能夠爭取到這次業務。後續他確實也用自己的方式得知家屬的聯絡方式後，主動打電話給家屬，溝通中小林甚至提出了一些額外的服務和優惠條件，就只為了希望能夠說服家屬改變主意，選擇自己當承辦人。

家屬對小林的積極態度表示感謝，但由於已經與老陳有多年信任關係，最終還是選擇了讓老陳來處理葬禮事務。小林的行為引起了老陳的不滿，認為小林搶客戶的行為不符合公司內部規範。後續兩人的矛盾逐漸加大，甚至影響到公司的工作氛圍。管理層介入調解，強調了內部競爭應有的道德和規範，並對小林進行了警告教育，要求未來所有員工遵守公司規則，公平競爭。

#2 這裡的職缺比你以為的還搶手！

殯儀館作為一個公家單位，其薪資福利相對比較理想，因此一般不容易出現因害怕大體而選擇離職的情況。然而，儘管如此，還是有些員工因為對大體的恐懼，選擇了那些不需要直接接觸大體的職位。例如，有些人會選擇在與大體接觸較少的禮廳工作，避免直接和大體會有接觸工作內容。儘管這些部門的工作也涉及到一定的挑戰，但至少不需要像火化職工那樣頻繁地從事大體火化的勞累。

早期，我們台北市政府於殯儀館的招聘政策是「遇缺不補」。這意味著當某個職位出現空缺時，只會是從其他單位調動現有的人員來填補這些空缺。這種政策使得內部的職位調動變得非常競爭，也讓很多人對我們的單位產生了濃厚的興趣。

舉一個實際的例子：當時我們的殯儀館有一個職位空缺，需要一名司機。這名司機的工作內容包括駕駛公務車和運送大體。早期，我們的業務還涉及到外出接運遺體。當我們詢問這名司機為什麼會選擇來我們這裡工作時，他愉快地回答說：「來這邊當司機很好，每月薪水直接多一萬五至兩萬。」這樣的薪資差距吸引了大量別單位有意向的應聘者。

這位司機的經驗很快在他的原工作單位——建管處，傳開了。隨後，建管處的其他人也開始頻繁地詢問我們這裡是否有新的職位空缺。最初，這些人主要是因為想要多賺一至二萬的薪水而來到我們這裡。但隨著時間的推移，他們逐漸熟悉了殯儀館的內部運作和薪資結構，開始了解到火葬場的薪水可以達到三萬以上。於是，對於那些更不怕接觸大體的員工，甚至會選擇前往薪資更高的化妝室工作，這樣的情況使得早期內部的調動競爭變得非常激烈。

進入殯儀館工作的過程中，早期通常需要透過人脈介紹。我身邊就有同事當時進入殯儀館時，就找了六名議員在履歷上簽名，才能夠順利被錄取。這種人脈介紹的方式，也顯示出殯儀館職缺競爭的激烈程度。

即便是在同一個殯儀館，不同單位的薪資也因為提成獎金差距不同有相當顯著的落差。例如，管禮堂和化妝室的月薪差異可以達到將近一萬五。在這種薪資差距下，有些人會選擇調動到薪資更高的部門工作，這也促使了內部的職位調動十分地激烈。

外界不了解這些內部的競爭，往往認為公務員的職缺就是「一個蘿蔔一個坑」，大家安分守己，直到退休。然而，事實並非如此。這些看似穩定的職位，實際上吸引了許多有背景、有關係的人來爭奪。這使得競爭不僅存在於內部，還延伸到了外部。

這邊說早年一個案例，我們內部開放了一個管理層的職缺，這個職位薪資待遇十分優厚。消息一經發布，立刻吸引了眾多競爭者的關注。許多在殯儀館內工作多年的資深員工都躍躍欲試，他們有著豐富的行業經驗和卓越的工作能力，理應是該職位的有力競爭者。

其中一位資深員工——張哥，是一個在殯儀館工作了超過十年的老員工，對於行業中的每一個細節了如指掌。他在這個崗位上兢兢業業，幾乎掌握了所有的業務流程，得到了同事和上級的高度評價。這個職缺似乎是為他量身打造的，他的同事們也認為他應該是最有希望獲得該職位的人選。

當最終人事決定公佈時，這個職位卻是由一位剛進入不久的年輕人被提拔。據悉，這名年輕人的父親與當地一位有影響力的議員有密切聯繫，而這位議員確實為這年輕人向殯儀館的上級打了招呼，施加了壓力。儘管張哥在能力上無可挑剔，工作表現也一直是團隊的模範，但最終，這場競爭還是因為背景和關係而定了勝負。

張哥在得知結果後，內心不免地感到極大的失望和無奈，到現在我還記得他失落的向我訴苦，說覺得自己多年來勤勤懇懇地工作和對職業的投入，似乎在這一刻變得毫無意義。他原本對這次調動充滿期待，認為自己的經驗和能力足以獲得這個職位。然而，現實卻是殘酷的，這個職位的獲得並不是基於專業能力，而是依靠人際關係。這讓張哥感受到職場競爭的無情，也讓他對自己在這職位上的努力付出與熱情投入感到迷茫。

這次挫折後，張哥逐漸變得心灰意冷。雖然他依然一絲不苟地完成每天的工作，任務交付得無可挑剔，但我每天跟張哥一起共事，是能明顯感受到他熱情減退。曾經，他是團隊中的中流砥柱，總是願意主動幫助他人，當同事遇到困難時，他是大家首先想到的諮詢對象。然而，隨著內心的失落感逐漸加深，張哥的工作態度也悄然發生了變化。雖然他依然願意幫助同事，若有人來請教問題，他仍會耐心解答，甚至在必要時提供支援。但除此之外，張哥變得沉默寡言，不再像以前那樣主動參與內部的各種事務。過往那個充滿活力、富有責任感的張哥，逐漸淡出了人們的視線。

當他一到法定退休年齡時，毫不猶豫地辦理了退休手續。雖然他的離開讓許多同事感到不捨，但張哥自己卻感到如釋重負。他不想再繼續待在這個讓他心寒的環境中，也不願再看到那些因為背景關係而得到職位的人繼續上位。

這個案例反映了職場上背景和關係的重要性，有時甚至比專業能力和工作表現更具影響力。對於張哥這樣的老員工來說，這種情況無疑是一種沉重的打擊。最終，這種現實讓他選擇結束職業生涯，提前步入退休生活，以避開這種令人心累的職場鬥爭。

雖然看過許多類似透過關說施壓上位的案例，我自己作為一個在這行業工作多年的老鳥，我仍會委婉地建議上司們，職場上的工作應該以專業和能力為主導。只有讓真正有專業素養且願意認真工作的人成為團隊的一部分，才能夠保證我們的服務品質。隨便給出工作機會，只是為了應付短暫的壓力，長期來看，這會增加整個團隊的負擔，並削弱我們的工作效率。

#3 紅包文化

工作這麼多年我一直謹守工作分際，可還是有一次，曾因為家屬贈送紅包的緣由，被調查局帶去調查。當時的情景至今記憶猶新，我被帶進調查局的辦公室，兩名調查局人員面無表情地領我走進一間狹小的房間，面積不到五坪，空氣中充滿了壓抑的氣氛。房間內沒有窗戶，只有一盞微弱的白色燈光照在桌面上，這讓房間顯得更加陰森。

他們安排我坐下後，其中一人開始進行審訊，而另一人則在房間內進進出出，不斷地用各種言語施壓。「還不說？你的同事都已經承認了，你還要繼續隱瞞嗎？」審訊者語氣冰冷，彷彿已經確定我有罪。而另一人則在一旁打邊鼓，「如果你執意不說，你可能會承擔更大的責任，這對你一點好處都沒有。」

縱使我是坦蕩蕩，但作為一般人面對這種心理戰術，還是會不由得緊張，無法放鬆警惕，他們試圖用這種壓力來迫使我說出他們想要聽到的「事實」。那段時間，我感覺自己彷彿被推入了一個深不見底的深淵，心中的恐懼逐漸升溫。

大家都以為，公務員的工作環境是單純且穩定的，只要按部就班地依照法規做事，就可以安穩地工作到退休。然而，實際上，公務員的工作並不如外界所想像的那麼簡單。

福利好、薪資佳的公務員職位在外人眼中是人人羨慕的，這也使得我們這行業的職缺競爭變得異常激烈。表面上看似安穩的環境下，其實暗流湧動，無形的壓力時刻存在。那些看似微不足道的「紅包」事件，往往成為某些人攻擊你的理由。他們會利用這些小事進行大肆炒作，讓你陷入困境。

這次被調查局調查的經歷讓我更加深刻地認識到，無論是在職場中還是在人際關係中，都不能掉以輕心。看似平靜的水面下，往往隱藏著不可預見的風暴。公務員的工作表面上穩定，但實際上充滿了競爭和挑戰。因此我在工作上總是謹慎地處理每一個細節，特別是與家屬應對互動上，謹守分際，保護好自己在職位上的聲譽，這樣，才能在這個充滿變數的職場中立於不敗之地。

即是在資訊透明的現代，殯葬行業仍然是一個外界忌諱的行業，特別是我們這行裡，工作時經常要與往生者的家屬應對，特別是治喪時期家屬心緒都是比較敏感，所以這份工作其實比許多人想像中要複雜、壓力大得多。

早年紅包文化還盛行時，確實遇過幾個案例。每年季節交替時，因為氣候變化比較大，導致許多長輩身體難以適應，因此往生的人數會增加比較多，也讓這樣的時節成了火葬場最忙碌的時候，使得火葬場職工的工作量大幅增加。在這個時節，紅包文化的情形也變得格外頻繁。

某年除夕前夕，我們的火葬場接到了一個特別的火化任務。逝者是一位大型傳產公司的母親，家屬對這場儀式格外重視，不僅邀請了道士來做法事，還準備了豐富的祭品。儀式結束後，家屬多次囑咐我們工作人員務必要慎重來進行整個儀式。

儘管這次工作和我們平常執行的流程沒有太大的區別，但家屬們整個過程給人的感覺是十分的焦慮，反覆叮嚀、多次強調我們一定要小心謹慎。在火化完成後，家屬的一位代表將一個厚重的紅包遞給我，並說：「這是我們的一點心意，感謝你們的幫助。」

當時我光就目測，那紅包的份量真是前所未見的厚實，若裡面都是千元大鈔，估計是有上萬元。然而當時單位就已經有明確規定，員工不能私自接受紅包。對我而言工作是職責所在，所以縱使對方堅持，我還是耐心溝通，說明我們本著職業道德的立場，圓滿地完成往生者最後一程路，是基本的工作態度。對於家屬來說，紅包是一種表達感激和祈求安心的方式，但對於我們員工來說，如何處理這些紅包則是一個需要謹慎考慮的問題。

最後我靈機一動，想到儀式流程中，這家人有提過往生的老奶奶是虔誠的佛教徒，於是我提議家屬將紅包捐給慈善單位來為雙方積累善緣，家屬聽了也欣然接受，這個事件才順利落幕。

另一個關於紅包的故事是照風俗習慣，逝者的家屬通常會在親人過世後為其進行淨身、化妝和換衣，這不僅是對逝者的尊重，也是一種情感的寄託。然而，在疫情最嚴重的時期，政府規定了嚴格的防疫規定，以降低感染風險。新冠確診者的遺體被要求直接在醫院的負壓隔離病房內入殮，隨即送往火葬場。這種程序完全打破了傳統的殯葬習俗，家屬無法為逝者做任何準備，甚至連最後的告別也只能透過視訊來進行。

某天，我接到了一位新冠確診者遺體的火化任務。逝者的家屬無法像平常那樣送別親人，這對他們來說是極大的打擊。作為火葬場的職工，我深知家屬內心的痛苦與無奈。因此，殯葬業者與我溝通後決定以視訊的方式，讓家屬能夠「參與」到這最後的告別過程，至少能讓他們心裡有所安慰。

殯葬業者先以手機視訊跟家屬連線，我隨即開始了火化的程序。雖然家屬無法親自到場，但通過視訊，他們能夠看到我為逝者所做的一切。當遺體被推入火化爐的那一刻，螢幕那邊傳來了壓抑的啜泣聲。這是一場無聲的告別，卻滿載了無限的哀思。

當火化程序結束後，後續再將往生者的骨灰仔細裝入骨灰罈，並以恭敬的態度完成了所有後續的處理。通過視訊，我對家屬說了一些安慰的話，希望能夠稍微減輕他們的痛苦。對於這種情況下的告別，我也知道這樣的安排遠不能滿足家屬對往生者的情感需求，但在這種非常時期，這是唯一能夠做到的事情。

事後，往生者的家屬感謝我在特殊情況下仍然設法讓他們參與到告別儀式中，這對他們來說意義重大。為了表達感激，他們特意準備了一個紅包，想要送給我。

面對這份紅包，我心情複雜。一方面，我理解這是家屬對我們工作的肯定與感謝，但另一方面，我也清楚，這樣的紅包背後包含著太多的無奈與痛苦。經過一番思索，我決定向家屬提出一個建議：「我非常感謝你們的心意，但這份紅包不如我們將它用在更有意義的地方。我們可以將這筆錢捐給那些受疫情影響的弱勢團體，這樣我們一起為社會積累善德，也讓往生者的離去能夠帶來一些溫暖。」

家屬聽到我的建議後，感動地表示贊同。他們同意將紅包捐出，並感謝我們在這段艱難的時期為他們所做的一切。

這段經歷讓我更加深刻地體會到，殯葬行業不僅僅是處理逝者的遺體，更是在逝者與生者之間搭建起最後一座心靈的橋樑。那次疫情改變了我們的工作方式，但沒有改變我們對家屬的關懷與對逝者的尊重。

這兩個關於紅包文化的案例，反映了我們殯儀館中紅包文化的複雜性。紅包有時候是一種感謝的方式，有時候也代表著家屬的期盼與焦慮。作為火葬場的職工，我們在面對這些紅包時，需要在人情與規範之間尋找一個平衡點，既要尊重家屬的心意，也要遵守職業操守。

隨著紅包文化的逐漸消退，我們在工作中少了許多難為的情況。然而，這也帶來了新的挑戰。隨著紅包文化的減少，加上各單位對這種習俗的嚴格管制，使得一些相對辛苦的工作崗位，特別是火葬場職工的職缺，變得更難吸引人。由於沒有了紅包這一額外的激勵，這些高強度的工作變得不再受人青睞，導致人手不足，讓原本就繁重的工作變得更加艱辛。

會有這樣的感受，實際上是我在火葬場工作，有次因為人手不足要作人員調動，我被要求協助調動一位同事回到火葬場工作。這位同事本來是負責樹葬、花葬的管理工作，而這個崗位相對輕鬆，工作環境也優越。你想想每天工作地點就在陽明山上，空氣清新、景色優美，工作主要是協助家屬安葬，幾乎不需要大量體力勞動，而且上下班時間固定，與火葬場繁重的體力活相比，這份工作無疑舒適許多。

想當然，當我向這位同事提出調動請求時，馬上遭到了他的婉拒。並不是因為他不願意承擔火葬場的工作，而是因為相比過去，現在火葬場的工作已經不再像以前那樣吸引人了。火葬場工作繁重，勞動強度大，薪資上卻只比環保葬的管理崗位多出一萬五千元左右，對他來說，這樣的調動顯然並不具有足夠的吸引力。

這樣的困境讓我頗為無奈。早年政府還沒有對紅包文化有嚴格規範的年代，紅包文化在一定程度上彌補了工作辛勞與收入不成正比的問題，讓一些繁重的工作崗位還能吸引員工接受調動。然而，隨著這種文化的消失，僅靠基本工資的差異已經無法讓員工心甘情願地承擔更多的責任。這讓我們在進行人員調動時，確實多少面臨一些困難。

火葬場的工作就不一樣了，上班時間從早上八點到晚上七點，工作強度高，幾乎沒有停歇，雖然工作內容並不複雜，但卻非常耗費體力。這份工作需要的不僅是身體的耐力，還包括心理上的承受力。

用我們實際工作量來說明會更清楚，台北殯儀館的火葬場職工團隊僅有十三人，這十三人要承擔整個台北市的火化工作量。曾經，我遇過單日需要火化一百四十具大體的情況，而當天工作的職工，扣掉輪休的人數後，最多也只有十人。這意味著，每位職工平均要負責十四具大體的火化，工作幾乎是接連不停，沒有任何喘息的時間。

在夏天，火葬場的工作環境尤為艱苦。爐子的高溫加上夏季的炎熱，讓工作場域的溫度變得極為難耐。每當焚燒結束，我需要將大體遺骸拉出來，而這時遺骸的餘溫通常還高達五百多度。這種極端的高溫，不僅體力消耗巨大，甚至能感受到遺骸的超高熱度。

有人曾建議，為何不等爐子冷卻後再進行撿骨？事實上，我們也希望能有這樣的時間來稍作緩和，但由於每天要焚燒的大體數量實在太多，根本無法等到爐子冷卻後再進行下一步操作。每個職工都在高溫和緊張的工作環境中，迅速而精準地完成每一項任務，確保整個火化流程順利進行。

總結來說，雖然火葬職工這份工作的辛苦與無奈使得越來越少人願意投入其中，但我始終抱持著一份責任感，認為做好每一項工作，無論是否有額外的回報，本就是我應該盡到的本分。正是這份責任感支撐著我堅持走下去，不為外界的得失而改變初衷。

#4 關說的壓力

殯葬行業，對於大多數人來說，這是一個神祕而陌生的領域。它承載著人們對逝者的尊重與告別，似乎應該是靜謐而莊重的。然而，作為這個行業的一員，我卻親眼見證了其中的波瀾起伏。像是長官經常為了應付來自各方的關說和壓力而感到頭疼，這些壓力不僅來自於家屬，還有來自上級、同事甚至是社會各界的要求。長官的辦公室裡時常充滿了來自不同背景的人，他們帶著各種訴求，希望能夠為自己的至親爭取到更好的喪葬服務。長官必須在這些訴求之間斡旋，既要顧及殯儀館的規範與原則，又不能得罪這些有影響力的人物。

早年在其他縣市就發生過，火化還要插隊的事情。火葬場的火化程序通常是按照排隊順序進行的，這是行業內部的基本規範，目的是確保每位逝者都能得到公平的對待。然而，這樣的程序在面對來自外界的壓力時，尤其是來自民代的特權關說時，就變得脆弱不堪。

據我所知，當地殯葬管理處曾多次接到民代的關說，要求將特定遺體提前火化，而這些遺體的家屬往往有著特殊的背景或人脈。這些要求對於管理處來說，無疑是巨大的壓力，也讓正常的火化排程被迫打亂。

在火葬場的日常運作中，排程通常是依照既定流程進行的。然而，當面臨來自民代的關說壓力時，整個排程就會變得相當緊湊。這些壓力通常首先傳達給主管，主管再將指示下達給負責排程的櫃台人員。此時，櫃台人員便承擔起調整時程的艱鉅任務，不僅要遵循原有的流程，還要設法在緊湊的時間表中插入特定喪家的火葬需求。

為了應對這種情況，櫃台人員不得不成為真正的時間管理大師。他們需要精確地計算和調整每一個時段，抓住任何可能的空檔，讓這些經過關說的喪家能夠順利安排進去。

這樣的工作不僅耗費大量精力，還帶來極大的心理壓力。櫃台人員往往處於前線在面對來自主管的壓力和民代的期望時，必須在公平性和人情之間尋找微妙的平衡。他們需要考量的不僅是如何滿足關說的要求，還要確保其他喪家的權益不會因此受到影響，說實在那真是心理和職業道德的考驗。

為了應對這些來自外界的壓力，火葬場的職工們不得不縮短火化時間，以便趕上被打亂的排程。這樣的操作不僅使火化的品質受到影響更嚴重的是，這種超時超頻的工作，讓火葬場的職工們身心俱疲，卻無法拒絕。

透過上面案例是想說明殯葬業內部的壓力其實遠比外界所能理解的更為複雜。公務體系中的人情關係和來自各方的施壓在這個行業中尤為明顯。例如，議會擁有凍結殯儀館預算的權力，這意味著他們可以通過控制資金來施加壓力，迫使殯儀館作出某些讓步。曾經有主管被議員施壓，最後不得不收下紅包以避免更大的麻煩。然而，卻讓他之後成為調查局的調查對象，經歷了長時間的調查和審訊，吃了相當大的苦頭。

回想起來，這名主管的經歷給我們所有人敲響了警鐘。在這個行業中工作，無論面對多大的壓力，都必須堅守職業道德和法律底線。公務員的身份賦予我們一定的權力，但同時也意味著我們需要承擔更多的責任。外界對於殯儀館的不了解和誤解，讓我們的工作變得更加艱難，但這並不意味著我們可以放棄原則。

殯儀館雖然表面上看起來是個相對穩定的職業，但實際上充滿了各種挑戰和不確定性。這個行業不僅需要面對生死的議題，還需要處理各種人際關係和社會壓力。許多外界的人，對於我們這個行業知之甚少，他們不知道這個行業內部的競爭和壓力，也無法理解我們每天所面臨的挑戰。事實上，正是這種不為人知的壓力，讓我們這些身處其中的人更加需要堅定信念，保持冷靜。

即使在看似穩定的殯儀館，也隱藏著無數的風險和挑戰。這些風險不僅來自於工作本身，還來自於外界的干預和內部的壓力。因此，我們在工作的過程中，必須時刻保持警惕，不僅要專業地完成每一項工作，更要在道德和法律的框架內行事。只有這樣，我們才能夠在這個行業中站穩腳跟，並為我們所服務的家庭提供真正有意義的幫助。

總之，殯葬業並非一個「歲月靜好」的職場。它需要我們在面對各種挑戰時，保持專業、堅定信念。同時，也應該提醒自己，不要因為一時的壓力而放棄原則。這樣，才能夠在這個充滿壓力和挑戰的環境中，為自己和團隊贏得尊重和信任。

#5 那些年遇到的誇張同事

我性格上比較直爽，對於工作不負責和私德有缺陷的同仁，實在是看不下去。曾經遇到過一名同仁——老蕭，他在調來我負責的單位之前，其壞名聲就已經傳到我耳裡，實在是他做的事情真是讓人無法接受。

老蕭已經結婚，並有一個女兒。他的丈人是一名退伍榮民，為人正直，而老蕭卻生性好賭，四處欠債，曾經發生他自己無法償還債務，債主就會開始找他身邊的親人，後來就找上他的丈人，要他幫忙還債。老蕭的岳父因為擔心女兒和外孫女的生活，於是要老蕭承諾之後會洗心革面好好對待自己女兒跟孫女，老蕭因為債務問題迫在眉睫，自然滿口答應丈人的要求，後續丈人按照承諾幫忙老蕭還清債務，結果因為過度勞心勞力，最終病倒住院。

在病床上，老蕭的岳父對自己的女婿進行了最後的告誡和請求，再次要老蕭發誓承諾，從此以後好好對待妻子和女兒，不再讓她們受到任何傷害，而老蕭在丈人的病床前，答應了這個要求。

不久之後，老蕭的岳父去世了，雖然他走得很不安，但是他臨終前仍抱著一絲希望，希望自己的女婿能夠履行他的承諾。只能說狗改不了吃屎，老蕭並沒有改變他的行為，依舊沉迷於賭博及瞞騙失婚婦女，自然沒有擔起一名丈夫照顧妻小的責任，債務問題依然纏繞著他們一家，甚至更加嚴重。

之後老蕭不知怎麼取得岳父的遺產後，對自己妻女就更加惡劣，她們經常是三餐不繼，最後甚至幾乎是要流落街頭。老蕭可能覺得妻女已經沒有利用價值，於是就跟妻子提出說要離婚。離婚後，他馬上轉頭就去網路上以「務實穩定的公務員」的形象結識許多女子，並開始一段段混亂的男女關係，這中間，他不僅騙取女方的感情還騙取她們的錢財。

其中有一次，他約了一位在網路上結識的女子一起去麗星遊輪旅行。在郵輪上，老蕭依舊賭性不改，甚至在沒有錢的情況下還是繼續賭博，賭金他則是哄騙女子為自己簽下借據，但下船時卻翻臉不認人，導致那名女子被困在船上。更荒唐的是，這名女子竟然是反過來需要老蕭作為保證人才能下船。最終，因為老蕭的賭債，女子位於中南部的房子還遭到查封。

在我知道老蕭的過往行徑後，他那時是被調到火葬場在我手下工作，由於他的惡名昭彰，我對他的要求自然嚴格了許多。然而，老蕭的工作態度仍然令人堪憂，像是他只有在收到家屬紅包的情況下才肯用心處理遺體，沒有紅包的往生者就被他冷落一旁，這種態度實在惡劣得令人無法接受。

由於這種極其扭曲的心態，我深知不能讓這樣的人繼續在我的團隊裡工作，否則只會給我帶來無盡的麻煩。因此，老蕭在我手下待了一段時間後，就將他轉調去別的部門，而我並沒有就此放下對他的關注。我特地上了他經常流連的交友網站，蒐集了他交友紊亂的相關資料，並整理成冊。這些資料顯示了他在工作之外的混亂私生活，我希望這些信息能引起他新單位的重視。於是，我以匿名方式將這些資料寄給了各處室主管。

果不其然，老蕭最終被調到了總務室，這個位置與他的本意相去甚遠，薪水中的提成自然也沒有了。失去了經濟動力和職位的光環，他在新的環境中顯得格格不入。最後，老蕭選擇了辦理退休，結束了他的公職生涯。

這件事讓我深刻地認識到，有些人即使換了工作環境，也難以改變其本性。我只能用自己的方式去揭露和制止這些行為，保護其他無辜的人免受其害。在我看來，正直和責任心是每一位工作者應有的品質，而像老蕭這樣的人，終究會為自己的行為付出代價。

告別現場三、

結尾的告別是五味雜陳

#1 收與不收之間的為難

在蔣經國的父親逝世時，殯儀館派遣了一支五人小組前去處理後事。其中包括一名技術員和四名斂工，他們前往蔣家，細心地處理一切相關事宜。當時的蔣經國位居高位，但他依然遵循傳統習俗，給了每位斂工與技術員各一張面額頗高的國庫支票。

這在當時無疑是一筆鉅款，但要兌現這些支票，就必須親自前往國庫局。然而，這五人心知肚明，任誰也不敢堂而皇之地去國庫局兌換這筆「紅包」。這樣的舉動，無論是對個人還是對機構，都可能引來不必要的麻煩甚至是嚴重的懲處。

於是，五人商量之後，決定將這些支票交回政風室來做退還，這樣的處理方式既避免了尷尬，也顯示了他們的職業操守和對規範的尊重。

而這一事件讓我深刻感受到，即便是位高權重的人，也難以完全擺脫傳統習俗的影響。蔣經國這樣位高權重的人尚且如此，更何況是民間的普通百姓。這種給紅包的習俗，在我們的文化中根深蒂固，難以輕易改變。

同時，這件事也反映出殯葬行業的某些現實。無論是技術員還是斂工，他們的工作都充滿了挑戰和辛苦，需要面對生死離別的場景，承擔沉重的心理壓力。而這些紅包，某種程度上就是民眾對他們辛勤工作的肯定和慰藉。

隨著時代的變遷，公務人員的操守標準也不斷提高。紅包文化本應被杜絕，但現實中，民眾的傳統習慣卻讓這種現象難以根除。有時情況會是如果我們不收紅包，家屬往往會誤解為我們不願意投入辦理，甚至還可能遭到辱罵。

記得有一次，我遇到了一位立委來探視他的家人。我們盡心盡力地提供服務，結束後，立委習慣性地拿出紅包給我們，我們當下就委婉地拒絕，但立委的臉色馬上就變得很難看，他口氣十分強硬道：「你收下，不會有事的。如果有事，就來找我！」

這種情況下，我們非常為難。如果收下紅包，就無法再轉交給政風室，因為政風室後續再將紅包退回給立委，會激怒他。這些錢雖然不多，但收下就意味著我們要冒著違法犯紀的風險。

這件事讓我深刻體會到紅包文化的複雜性。表面上看，它似乎是家屬對我們辛勤工作的感謝，但背後卻是傳統習俗和現代職業操守之間的衝突。在很多人的觀念中，給紅包是一種表達感謝和尊重的方式，而拒絕紅包，則可能被視為對家屬的不尊重，甚至是對工作的敷衍。

作為公務人員，我們必須在這種文化和規範之間尋找平衡，我們需要讓家屬理解，我們的服務是專業且無私的，而不通過紅包來衡量，但這種觀念的改變，並不是一朝一夕能夠實現的。

還有一次，我遇到了一群非常執著的家屬。他們除了不斷的叮囑我們要特別用心處理遺體外，甚至還提出了一些額外的要求，那我們也如實完成了所有的工作，儀式圓滿結束後，家屬為了表示感謝就遞上了一個紅包，當下我再三表明，這是我們應該做的，至於紅包是絕對沒有必要，我們也不能收，但家屬卻變得激動起來，覺得我們是在拒絕他們的感謝，甚至開始吹毛求疵的指責我們不盡心。

面對這樣的情況，只能耐心向家屬解釋我們的職業操守和規範，並強調我們的服務是為了讓每位往生者和家屬能夠得到最好的照顧和安慰，我們希望通過專業的態度，逐漸改變家屬對紅包文化的依賴，讓他們理解我們的真誠和用心。

多年來種種類似的案例讓我深刻體會到，作為公務人員，除了要遵守職業道德和規範，更需要有足夠的耐心和智慧，去面對和處理各種複雜的情況，要在堅守原則的同時，理解和尊重家屬的情感，並用真誠和專業去化解矛盾，推動紅包文化的轉變。

#2 偷天換日的貪念

多年的工作中遇過不少需要跟家屬反覆解釋的經驗，其中「金牙遺失」的爭議是滿常發生的狀況。有的家屬在火葬之後，會反映亡者生前裝有金牙，但撿骨時卻找不到，而跟殯儀館單位發生糾紛，這點也希望在此科普給大眾知道一下。

即使有俗諺說「真金不怕火煉」，火化爐在運作時，內部溫度是會達到一千度以上，就算是黃金這樣的貴金屬也承受不住高溫而熔化，那融化的金屬形態會變成像是液體，就會四處跑，後續根本找不到，即使是火葬工作人員也找不到，更別是說是要偷竊了。

關於貪念的事件，有一件事情讓我至今難以忘懷。那是一個炎熱的夏日，我正在進行一位逝者的火化工作。這位逝者生前是一位頗有名望的大老闆，他的家屬為他舉辦了一場盛大的告別儀式。家屬們在告別儀式中表示，希望這位大老闆在另一個世界也能夠衣食無憂，因此在他的棺木中放了二、三十萬的現金。因為金額確實滿大的，所以整個儀式過程中，都有家屬雇用的保全人員一直守在棺木周圍確保沒有宵小，

儀式結束後，棺木被推入火化爐，火化過程正式開始。我站在控制台前，專注地監控著火化過程。這時，葬儀社的一位人員匆匆地卻又小心翼翼地湊過來，神情滿是貪婪和焦急。

他低聲對我說：「你知道嗎，家屬剛才在棺木裡放了二、

三十萬現金。現在火化爐剛開始運作，保全人員已經離開，是不是有機會把錢取出來?!」他試探性地看著我，補充道：「死人用不到真鈔，這些錢對我們來說才有價值。不如我們分工合作，你幫我停下火化程序，將錢取出，我們可以平分。」

聽到這個要求，我一時間有些愣住了。火化爐的溫度極高，遺體和棺木一旦進入爐內，所有物品都會迅速燃燒殆盡。即使我立即停止火化程序，棺木內的現金也早已不復存在。我白了一眼，心裡不禁感慨這人怎麼這麼貪婪，竟然在這種時候還在想著錢的事情。

「你死了這條心吧！」我對葬儀社的人說道，「現在爐子的溫度這麼高，錢早就燒沒了，就算停爐也找不到了。」他聽後，神情頓時黯淡下來，無奈地退了出去。我心裡有些不平，雖然二、三十萬現金確實很誘人，但這畢竟是家屬對逝者的一片心意，怎麼能有這樣想要拿走的貪念呢！

事後，我將這件事告訴了同事們，大家也都對葬儀社的行為感到不齒。作為火葬場的職工，我們每天都在見證著生死離別，明白家屬們對逝者的情感寄託。無論那二、三十萬現金對他們來說有多麼誘人，都不應該在這種時候被貪念誘使而打擾逝者的安寧。

這次經歷讓我更加堅定了自己對這份工作的敬畏和責任感。

火化過程不僅是對逝者最後的告別，也是對家屬的一種安慰和支持。每一次操作，我都需要以最專業和尊重的態度來面對，無論遇到什麼情況，都要保持冷靜和理智，確保逝者得到應有的尊重和妥善的處理。這也是我一直以來堅守的原則，和對每一位逝者的承諾。

#3 屍變的真相

在我多年於化妝室工作的過程中，經歷了許多不同的事件，有些是感人至深的親情，有些則是因為誤會而產生的疑慮。這次的故事發生在一個平凡的下午，一位家屬碰到我，表情既憂慮又困惑，而引起了我的注意。

「請問，你是這裡的員工吧？」那位家屬小心翼翼地問我。

「是的，有什麼我可以幫忙的嗎？」我客氣地回應道。

「其實……我有件事想請教你。」家屬的語氣顯得猶豫不決，眼神中透著一絲不安，「之前我幫家裡的長輩辦了土葬，當時我們給他戴上了一些貴金屬的飾品。可是今年來撿骨時，卻發現那些飾品不見了。」

「這樣啊。」我點點頭，示意他繼續說下去。

「我們確認棺木是封得好好的，沒有任何被動過的痕跡。」家屬說到這裡，臉色變得蒼白，甚至帶著些許恐懼。「你說，會不會是……會不會是遇到什麼靈異事件？這種古早時民俗的事情我沒有很懂，但家裡有其他長輩提到傳說中有那種『屍變』，會不會是發生這狀況？」說出疑慮的他顯得更加焦慮。

我看出他的擔憂，於是先安撫他的情緒。「別擔心，這種情況其實很多時候是有合理解釋的。」我笑著說。

「合理解釋？」家屬的臉色稍微好轉一些，但仍滿是疑惑。

「對阿，你還記得在幫往生的長輩戴好飾品後，蓋棺時發生了什麼嗎？」我問道。

家屬仔細回想了一下，點頭道：「嗯，當時殯葬業者要求我們家屬迴避，說這是傳統習俗上的要求。」

「對，這就是關鍵點。」我說：「蓋棺是一個非常嚴肅和慎重的儀式，被視為往生者的最後告別儀式。在這個過程中，有些家屬會被要求迴避，以示對往生者的尊重和儀式的嚴肅性。」

「可是為什麼要迴避呢？」家屬不解地問。

我解釋道：「主要是為了避免活人的影子被鎖入棺木內，這在傳統觀念中會影響人的運勢和健康。然而，這段時間其實也給了一些有心人士可趁之機。」

「你的意思是……？」家屬的臉色再次變得緊張起來。

「沒錯！」我點頭「在你們迴避的過程中，如果有不法份子，他們就有可能趁機盜取棺木內的貴重物品。」

家屬的臉色由蒼白轉為氣憤說：「所以，你的意思是，我們長輩的飾品可能是在蓋棺前就早已被人偷走了？」

「這是有可能的。」我誠懇地說：「你可以回想一下，當時有沒有什麼可疑的人，或者是不是所有的工作人員都有做過身份核實？」

家屬沉默了一會兒，然後點頭道：「當時確實有一些我們不認識的工作人員來來去去，我們也沒多想。」

「這種情況在我們行業中並不少見。」我繼續說：「所以我建議你們在辦理這類儀式時，可以多加留意，選擇信譽良好的殯葬公司，並確保所有的過程都在可信的人員監督下進行。」

家屬深吸了一口氣，似乎終於理解了整件事的來龍去脈。他感激地看著我說：「謝謝你，讓我明白了這些，算是、算是業內祕辛嗎！這次經歷真是給我們家族上了一課。」

「別客氣，這是我應該做的。」我微笑著說。

這次事件讓我更加明白，作為殯葬從業者，不僅僅是要處理好技術上的工作，更需要為家屬提供支持和理解，幫助他們在這種有疑慮的狀況下找到一些解釋和答案。

往生者身上貴重物品被盜竊的事件確實偶有聽聞，這些物品通常是金飾、珠寶、手錶、手機等。我就聽過有人假扮成殯儀館的工作人員，進入靈堂偷取往生者的金飾。家屬發現後，立即報警。警方透過殯儀館監控錄像並逮捕了嫌犯，這案件中幸好是成功追回了被盜物品。

此外，也有一些類似的案例發生在其他地方，但可能就不是都能幸運追回物品，這些情形自然是會引起家屬的不滿和憤怒。為了避免這種盜竊發生，部分殯儀館和葬儀社會採取相應的措施，如在蓋棺前檢查往生者身上的物品，並請家屬做好保管。

喪葬現場偶有竊賊出沒，專門盜取往生者身上的貴重財物。這些竊賊可能會偽裝成工作人員或趁家屬不注意時行竊。因此，在哀悼親人時，不僅要表達對逝者的尊重與懷念，也要注意保護好往生者的遺物。

#4 骨灰

在火葬場工作多年，我見識過許多家屬在喪禮和撿骨過程中發生的各種糾紛和荒誕的場景。這些場景讓人感嘆世事無常，也讓我更加體會到人性的複雜和脆弱。以下是我親身經歷的四個印象深刻的案例，這些故事展現了在殯葬行業中時常會遇到的現實問題和倫理挑戰。

＊小三的最後探望

工作多年，我見過形形色色的家屬和親友，他們各自帶著不同的情感和目的來到殯儀館。有時候，我們遇到的情況遠比想像中的複雜和微妙，其中最具挑戰性的就是如何處理那些不合規定的要求，尤其是當這些要求來自於往生者生前的「特殊關係」時。

有一次，我接到了一位年長的往生者，他的家屬按照規定辦理了火化和撿骨的手續。一切都按照流程進行，家屬們彼此之間看起來也沒有什麼異常。但在告別式結束後，棺木移送至火葬場時，一名中年婦女悄悄地來到我們身邊。

這名婦人看起來有些拘謹，但又顯得很焦慮。她一開始支支吾吾地問了一些關於儀式安排的問題，接著突然向我提出了一個不尋常的要求。她說：「我只是想在家屬離開後，火化完成時看一眼往生者的遺骨，可以嗎？只是看一眼就好。」她的語氣中帶著懇求，但我馬上就察覺到她的身份並非家屬中的一員。

按照規定，我告知婦人無法讓她跳過家屬去見往生者的遺骨，因為只有家屬才有權在儀式後留在現場。婦人聽後顯得有些失望，但並沒有立刻放棄，她繼續以低聲請求我們：「我不會打擾他們的，只要他們離開後給我一分鐘就好。我真的很需要這樣做。」

面對她的堅持，我開始懷疑她的實際身份和動機。於是，我詢問她與往生者的關係，她遲疑了一下，才低聲回答：「我是他的朋友，他生前對我很好，我想要送他最後一程。」這句話聽起來似乎合理，但她的行為卻讓我感到有些異樣。

不久後，其他家屬準備離開火葬場時，我注意到這名婦人在一旁偷偷觀察著他們，試圖確認他們是否真的已經離開。當她再次接近我，想要進一步說服我允許她「再看一眼」時，我最終拒絕了她的請求，堅持按照規定行事。

後來，我才知道這名婦人其實是往生者的「小三」，她並未受到家屬的認可，也無法參與正式的儀式。儘管她聲稱與往生者有深厚的感情，但我們也不會為這樣的「祕密關係」去打破自己的工作守則，縱使可以理解她的痛苦和遺憾，但作為殯儀館的從業者，遵守行業規範，就應以家屬的權益為首要。

＊兄弟鬥毆

在殯儀館工作的這些年裡，家屬因財產問題發生爭吵的事情屢見不鮮。俗話說「不患寡而患不均」，在親人的告別式上，這種因為財產分配不均而引發的矛盾更是頻頻上演。有一次，我上班時遇到了一個特別激烈的案例。

當時祭拜儀式結束後，棺木移步火葬場時，起初家屬們排排站在棺木前表面上似乎一切正常。然而，隨著儀式的進行，家屬之間的氣氛越來越緊張，幾個兄弟之間不斷低聲爭論，眉頭緊皺，似乎隨時都會爆發衝突。最後家屬之間的矛盾達到了頂點。一名年長的兄弟突然對著另一位年輕些的兄弟大吼起來，指責對方在父親生前私吞財產，沒有公平分配給其他兄弟姐妹。這名年輕的兄弟也毫不示弱，反駁道：「當初誰在照顧爸爸，你們怎麼不來！現在來分財產了？」

隨著指責聲音越來越大，其他家屬也加入了爭論，一場混亂的鬥毆隨之爆發。家屬之間相互推撞，甚至有人開始動手打人。我和同事見狀，立刻聯繫警衛人員前來協助平息場面，並勸阻家屬冷靜下來。

這場鬥毆最終在警衛人員的干預下平息，但火葬場裡的情景已經是一片狼藉。告別的莊重氛圍被破壞殆盡，甚至有參加儀式的其他親友因這場鬥毆而被嚇到，紛紛離場。

這場鬥毆讓人感到唏噓不已，原本應該是火化告別親人的莊重儀式，卻因為財產的紛爭而變得如此混亂和不堪。這也讓我們這些工作人員更加警惕，時刻準備應對可能發生的各種突發狀況。

*這是我爸的骨灰！

除了財產紛爭之外，在殯葬工作中，我們還時常會遇到家屬因骨灰罈的所有權而爭執的情況。還有一次，我遇到了一個特別棘手的案例，這次的糾紛不僅涉及到家屬之間的矛盾，還牽扯出更多的情感糾葛。

那天我們接到的任務是為一位在家中去世的老先生進行火化和撿骨。這位老先生生前有過兩段婚姻，兩邊的家庭在他生病後一直爭奪著照顧和陪伴的權利，但在他去世後，這種爭奪並沒有停止，反而在撿骨儀式上變得更加激烈。

在撿骨儀式開始前，我們已經察覺到兩家人之間的緊張氣氛。兩邊家屬各自帶著人來到火葬場，彼此互相冷眼相對，誰也不願意多說一句話。儀式開始後，我們按照規定進行操作，將骨灰一一撿入罈中。按照流程，這本該是一個莊重且充滿敬意的時刻。

然而，當骨灰罈封罐完畢後，衝突瞬間爆發。兩邊的家屬都聲稱自己是老先生遺願的真正執行者，應該由他們來帶走骨灰罈。這邊的長子說：「父親在世時一直是我在照顧，他的骨灰當然應該由我來保管。」而另一邊的繼子則反駁道：「父親再婚後一直住在我家，我才是最有權利的人。」

爭執聲越來越大，兩邊的家屬開始相互指責對方不配擁有骨灰罈，甚至有人情緒激動，直接衝向骨灰罈試圖搶走。在場的工作人員和我立刻上前阻止，但雙方人數眾多，場面一度非常混亂。

我們試圖用理性的語言來勸解雙方，告訴他們根據法律和規定，骨灰罈應該交給最初申請火化的家屬保管。然而，雙方都不願意妥協，爭執甚至越演越烈升級到肢體衝突。最終，我們不得不再次聯繫警衛人員介入，才成功控制住了局面。

最後我們是查閱了火葬申請文件，並根據規定將骨灰罈交給了最初申請火化的家屬。然而，這一結果並未完全平息雙方的爭端，他們最終還是分別將骨灰罈的一部分攜帶回家，算是勉強達成了協議。

這場鬧劇結束後，我們所有人都感到身心俱疲。這場撿骨儀式本該是對逝者的最後致敬，卻因為家屬的爭奪變得如此荒誕不堪。這讓我們更加體會到，作為殯儀館的一員，不僅僅是技術層面的工作，更需要具備應對各種人際矛盾的能力和心理素質。

＊偷骨求運

在火葬場工作久了，見過形形色色的人和事，其中不乏讓人哭笑不得的荒誕場景。曾經有一次，我們在處理一位生前混跡江湖、愛賭的往生者時，竟然遇到了一個試圖索取往生者骨頭的怪異要求。

那位往生者生前據說是一個能賭善賭的江湖人物，平時和一群牌友打成一片。當他去世後，這些牌友們來參加告別式，並決定一起送他最後一程。火化儀式結束後，大家按流程進行撿骨。我們將遺體的骨頭小心翼翼地從火化爐裡取出，擺放在撿骨的桌上，讓家屬和友人們進行撿拾。

就在這時，有一個平時和往生者走得很近的牌友悄悄靠近我，神情有些神祕。他低聲問我：「能不能幫個忙，我想拿一根骨頭回去。」我聽了這話有些愣住，連忙詢問他為什麼有這種要求。他告訴我，原來這名往生者生前的賭運奇佳，所以他想把骨頭帶在身邊，以此來沾沾賭運，增加自己的運氣。

聽到這樣荒誕的理由，我立刻回絕了他，並且告訴他這樣做既不合法也不合情理。沒想到這名牌友並沒有馬上死心，還不甘心地提議，說自己願意付出一些代價來讓我幫忙，還說這只是「小事一樁」。我斷然拒絕，並告訴他如果再繼續糾纏，導致我無法圓滿完成工作，我將報警處理。

見狀無望，這名牌友只能悻悻然地離開。這件事讓我再次見識到，在殯葬行業中，什麼樣的奇葩要求都可能遇到。工作中除了要謹守職業道德，更要對各種荒唐的要求保持警惕，以確保對逝者的尊重和對家屬的負責。

每經歷一次這樣的事件，都讓我深刻體會到，作為殯葬從業者，不僅需要處理技術層面的工作，還要應對各種複雜的人際關係和道德挑戰。每一個決定都需要在尊重家屬意願的同時，保持專業和規範，這樣才能真正做到對逝者和生者的負責。

#5 拒收

在火葬場工作多年，見過各式各樣的家庭，無論是悲傷、無奈，或是冷漠的反應，對我來說，都是日常工作的一部分。然而，有一次的經歷卻令我印象深刻，讓我在工作中更加意識到自己的責任與良心。

那是個普通的下午，依照慣例在工作，當時有一具遺體被推過來，準備進行火化。家屬手中拿著火化許可證，表情冷淡，一副無所謂的樣子，他們簡單地交代了遺體的基本資料後，便冷冷地離去，似乎對於這一切都無動於衷。

我按流程將遺體推進火化爐，啟動了火化程序。在這種情況下，心裡不禁產生些許疑惑，這家屬對逝者的態度怎麼會如此冷漠呢？

火化結束後，我將骨灰取出，準備交還給家屬。然而，當家屬回到火葬場，面對這一包骨灰，他們的表情除了依然冷漠外，最令人驚訝的是，竟然對我說：「骨灰不要了。」說完這句話，他們轉身一副揮揮衣袖就要離開，彷彿這個逝者和他們已經沒有任何關聯。

看著家屬無所謂的離開態度，心中真是五味雜陳，這樣離奇的狀況雖然偶爾會發生，但每次都感到難以理解。或許是有經濟上的困難，或是與往生者間有其他我無法得知的原因、還是有複雜難解的家庭糾紛等等，這都讓我無法揣測，使他們選擇不領取骨灰的原因。但無論如何，這一瞬間，對我來說，似乎代表著某種人性的不該與缺失。

作為一名火葬場員工，我無法直接干涉家屬的決定，但基於堅守工作流程，我必須做出相關因應措施。為了避免日後可能產生的法律糾紛，我請家屬簽下切結書，並在領取文件上簽名確認。這樣做是為了防止日後家屬改變主意，回來要求索取骨灰時，出現無法解決的麻煩。

手續處理完成後，這包骨灰就由我們火葬場直接負責處理後續事宜。我將骨灰磨成粉，包裝好後，送到山上的樹葬區域進行安葬。這是一個安靜而幽雅的地方，樹葬作為一種回歸自然的葬禮形式，或許這樣在群林圍繞的安置，對這名逝者算是最好的歸宿方式了吧，讓他能在自然中獲得安息。

這件事情過後，我常常思考，為何有些人對待逝者會如此冷漠？或許每個家庭背後都有一本難念的經，是他人無法參透的，而我們身為旁觀者，亦無法真正理解他們的內心世界。但我深知，無論如何，在這個行業中的責任不僅僅是執行殯殮或火化程序而已，更要保持一份對生命的尊重與敬畏。

我時常提醒自己，無論做什麼事，最重要的是對得起良心。或許家屬的冷漠會讓人心寒，但作為一名火葬場的員工，卻不能因為外界的影響而忽略自己的職責。我們每天都處在與生命終點站和亡者打交道，這讓我更深刻地感受到，人生短暫，唯有對得起自己的內心，才能在這份沉重的工作中找到一絲平靜。

#6 難以割捨的遺物

在大體化妝室這個職業中，時常會遇到家屬對於往生者遺物的特殊要求。這些遺物除了具有重要的紀念價值外，有時候其實際價值也會讓家屬不顧一切地想要留存。

有一次，我遇到了一個特殊的情況。那是一名因病去世的老婦，她生前非常喜歡珠寶，手上戴著一枚非常珍貴的戒指。家屬希望能將戒指取下來保存，但問題在於，這枚戒指因為長年佩戴，已經深深嵌入老婦的手指中，想要自然地取下來是相當困難。為此，我們嘗試了多種方法，包括使用潤滑劑等，但戒指依然無法輕易取下。每次嘗試，我都格外小心，既要保護往生者的遺體，又要儘量不損傷戒指。這是一項非常細緻且耗費心力的工作，但受託於家屬，基於職責，加上明白這是家屬的期望，我不斷想方法嘗試著取下。

幾天過去了，我依然沒有找到合適的方法取下戒指。這時，家屬來到了殯儀館，詢問戒指的狀況。當我向他們解釋我們的努力和遇到的困難時，一名家屬不小心碰撞到檯面，老婦手上那枚我們努力了好幾天都無法取下的戒指，竟然應聲滑落。當下我的臉色一定很難看，因為這麼多天的努力最後竟然是家屬一個不經意的碰撞而成功。然而，家屬並沒有任何的責怪或抱怨。他們反而覺得這是一個奇蹟，是老婦人在天之靈認為家人才有資格取下戒指的一種表現。

另一個關於遺物的案例是，那名往生者生前是一位富有的太太，由於身型肥胖，本想說藉由進行抽脂手術來改善自己的體型。沒想到，手術過程並不順利，最後這名富太太因為手術失敗而賠上了性命。這名往生者的家境非常富裕，她往生時手腕上佩戴的是一支價值百萬的玉鐲，這件玉鐲對於家屬來說，不僅僅是一件貴重的珠寶，更是對往生者的一種深切紀念。

當時這家的家屬就找了葬儀社，據說他們提出強烈的希望能盡快取回這件玉鐲。然而，由於往生者的體型比較肥胖，若想要自然取下這支玉鐲幾乎是不可能的。如果進行火葬，這支百萬玉鐲勢必會隨著高溫化為灰燼。基於這些考量，葬儀社最初是建議家屬選擇土葬，讓大體自然分解，這樣隔年撿骨時就能收回玉鐲。然而，家屬並不願意等待那麼長的時間，畢竟是百萬的珠寶，雖說是隨棺入土，但有什麼風險會去損傷到玉鐲也是很難說，因此也是可以理解他們迫切地想要能夠立即取回這件珍貴遺物的想法。

最終，我聽說殯葬業者為了滿足家屬的需求，花錢找了人，將往生者的手切斷，取下玉鐲後再縫回去，目前外面許多做大體化妝的大體化妝師，技術也都做得不錯。雖說這樣的做法是比較極端，但也說明了家屬對這件遺物的執著和重視。

這次事件讓我深刻體會到，殯葬行業不僅僅是一份技術性的工作，更需要極大的耐心和同理心。面對家屬的特殊要求和情感，我們需要在理解他們的基礎上，給予專業的建議和幫助。即使有些要求無法達到，溫和耐心地解釋其中的原因，讓家屬感受到我們的用心和努力。特別是面對像這樣涉及遺體處理的敏感問題，更需要在專業範圍內，盡量滿足家屬的需求，確保遺體的完整和尊嚴。過往許多案例都讓我深刻體會，有時候家屬的需求與我們的專業知識之間會有矛盾，我們就需要在這種情況下找到一個平衡點，既要尊重家屬的情感，也要能堅持住我們的專業原則。

總的來說，每一次的經歷都讓我更加深刻地理解了殯葬行業的複雜性和挑戰性。每個行業都有它的艱辛和挑戰，關鍵在於如何看待和應對這些挑戰。對我來說，保持一顆平常心，不讓自己被情緒所左右，應該是我能在這個行業中持續工作的主因。

#7 簡陋的告別

在火葬場工作這麼多年，見過太多各式各樣的人與事。但有一件事至今仍讓我無法釋懷，那就是曾經共事的一位同事處理他母親喪葬的方式，讓我深刻感受到人性的冷漠和無情。

這名同事在火葬場工作多年，已有些資歷。其母親過世時，他已經算得上是這行業的老手。然而，當他母親離世後，同仁們都以為他會為母親辦理一場隆重的葬禮，畢竟他自己也是火葬場的員工，應該會更慎重處理自己至親的喪禮，但結果卻讓大家跌破眼鏡。他的母親去世後，他只是草草設了一個靈位。靈位乃是最基本的配置，可是卻沒有任何引魂儀式，甚至連請個道士來誦經都沒有。一切都是這樣簡陋，似乎只是為了完成一個流程而已。

接著，他租用了我們館內最便宜也是最小的丁級禮廳，來為他的亡母辦理出殯事宜，沒有什麼人來悼念，更沒有任何莊嚴的儀式。母親的大體就這樣在極為簡單的程序下被送入火化爐，火化完成之後，他也是選擇了最簡約的樹葬方式安置母親的骨灰。

對於我們這些同事來說，這樣的流程雖然在法律上是合法的，但從情感層面來看，這樣草率地處理自己母親的後事，真是令人心寒。想想，他的母親畢竟在世時為他操勞了一輩子，最後竟然落得在我們看來是一個孤伶伶離去的收場。而更令人無法接受的是，在他母親過世前不久，他就花了大錢買了一輛十幾萬的重型機車。

這讓我們同仁之間議論紛紛，他為自己母親的後事花不到五萬元，卻選擇大手筆地購買高價的機車。而且不到兩個月後，他又因為騎膩了這輛機車，購換成黃牌機車。隨後，再過不到三個月，竟又升級到紅牌重型機車。每次他駕駛著新機車出現在我們面前，我們內心的憎鄙之感受，便愈加強烈。

在火葬場工作的人，對於生命的價值應該比誰都要珍惜。工作上，我們每天面對的都是離別，見證過無數家庭的哀傷，因此對待自己的親人時，往往會更加關懷和用心。然而，這名同事的行為卻讓我們對他的人品產生了極大的質疑。大家不禁私下討論，這樣對待自己母親的人，怎麼可能會對身邊的人或對朋友同僚們待以真心誠意？

或許是天理昭昭，報應不爽吧！這名同事後來的生活過得並不順遂也不如意。他有兩個孩子，一個沉迷於毒品，毒癮發作時，整個人就像中邪似的，不只一次發生他整個人會突然癲狂就隨手拿起刀子要砍人的情況；另一個則嗜賭如命，縱使這同仁本身收入不錯，也禁不起兒子一賭再賭所累積的賭債。

後來他為了孩子沾染上毒與賭的這些不良習慣，幾乎耗盡了所有精力與財富。每次孩子出了狀況，他都得出面收拾善後，一個接一個的麻煩將他拖入了無底洞中。之前他為母親省下來的那點錢，最終都被用來解決孩子的問題，但他這樣為孩子的付出能獲得任何回報嗎？

他的一生走到這一步，或許就是當初冷淡對待母親的報應。

我們這些同事看著他，只能感慨的說：人一定要敬老愛親，否則終將自食惡果。

這件事讓我感慨萬千，不僅僅是喪禮作為最終告別儀式所承載的深遠意義，更是對至親最後一段路的尊重與慎重態度。我深感，正是這樣的慎重才顯現出人與人之間的情感之珍貴和不可替代。而當我看到這名同仁對待至親這樣深刻的情誼是如此冷漠無情的態度時，內心充滿了失望與無法認同。這種冷漠無情讓我質疑，我是否能與這樣的人建立真正的友情，因為對我來說，人與人之間的關懷與尊重是至關重要的，所以在這名同仁母親的喪禮過後，我也就盡量跟這同仁保持距離。

#8 遊覽車翻覆事故

工作的經歷中，最讓我印象深刻的幾個案件中，莫過於二〇一七年的「蝶戀花遊覽車翻覆事故」。記得事故發生是在晚上九點多，新聞報導時我人在家看到新聞案件，當時我們館長剛調來沒多久，對殯儀館的業務還在熟悉階段中。我是看到新聞當下就注意到車禍發生在國五接近國三的路段，算是台北範圍的路段，於是心中立刻有了反應，這極為可能是一件需要即時支援的重大事件。

當時就是工作的直覺反應，我馬上打電話給我們館長，詢問這件事需要支援嗎？當時館長還沒接收到相關訊息，果然不一會兒，就有相關單位發出通知，館長才又回頭通知大家需要支援，慌亂一片。不過這也是正常，這樣重大事件不常見，更別說當時我們館長剛調來沒多久。

當時，約莫晚上十點多，接到了館長要求支援的通知後，我當下用最快速度趕往二館。當我到達現場時，場面令人震驚，一、二十部接屍體的車子排在門口，密密麻麻地堵住了進出的通道，這些車輛陸續將往生者的遺體送來，每一具大體都是支離破碎的，令人心痛不已。為了應對這樣的情況，我們在室內地上鋪上了防水墊，但即便如此，現場的景象仍然令人難以承受。

大體進來時多數是不全的，當時我們就在室內地上鋪了防水墊，根本難以分辨誰是誰，流程上先是由法醫做勘驗，對驗身分，做相關採證工作。穿梭現場時聞到盡是濃濃血腥味，由於實在難以憑樣貌找到人，所以只能依賴 DNA 技術，後續拿到死亡證明，家屬再自己找合作的殯葬業者。當時我在化妝室，由於多數大體都是殘破不堪，因此很多是直接在化妝室就裝棺。

而那個夜晚，我和我的同事們一起度過了漫長而艱難的工作時光，一起面對了這場慘烈的災難，盡我們所能去處理每一具遺體。

在這樣的混亂和壓力下，整個殯葬處的同仁每個人都竭盡全力去完成自己的工作。當時我負責的是化妝室的工作，由於大多數遺體都殘破不堪，只能直接在化妝室內進行裝棺。每一個動作都需要極高的專業技巧和心理承受能力，這些遺體需要我們以最大的尊重和細心對待，為他們的最後一程盡心盡力。

這是我工作經歷中，遇過最慘烈的案件，就算是空難也沒這件慘烈。因為空難是裁下來的，而這件車禍是磨的，車翻倒在山溝中，整個車頂磨掉，裡面的乘客由於多數沒有安全帶的保護成了嚴重傷亡的主因之一。

這次的事故發生在國道上，當天遊覽車結束了武陵農場的賞櫻行程，車上載著數十名乘客。當時遊覽車正行駛在國五接近國三的路段，根據事後調查和後方車輛的行車紀錄器影片顯示，這部遊覽車在通過一個大彎道時沒有減速，導致車身失去平衡，瞬間翻落到路邊的邊坡上。

翻覆的車輛在山溝中滑行了一段距離，車頂被磨損殆盡。這種情況下，車內的乘客大部分沒有使用安全帶的情況下，不可避免地造成了嚴重的傷亡，使得事故現場非常悲慘。

這起事故的調查結果顯示，司機因過勞和超速以至於未能在關鍵時刻進行有效的操作控制，最終釀成了這場重大悲劇。遊覽車內的數十名乘客，幾乎都是當場死亡，有的重傷，在救援人員抵達現場時，整個場景令人心碎。車輛殘骸四散，乘客們被困在扭曲變形的車體中。

這起事故也成為了台灣國道交通史上傷亡最慘重的交通事故之一，引發了社會對於旅遊巴士司機過勞問題的廣泛討論和深刻反思。事故後，政府和相關機構對司機工作時間和休息時間的監管進行了加強，遊覽車公司的管理制度也隨之進行了改革，以確保未來不再發生類似的悲劇。

回顧那一晚，我還記得當時的每一個細節。殘破的大體、法醫們專業且凝重地工作，這些都深深地烙印在我的記憶中。這樣的經歷讓我更加珍惜生命，理解了生命的脆弱和無常，也讓我更加堅定地履行自己的職責，盡我所能去幫助那些在失去親人的痛苦中掙扎的家庭。

在這段時間裡，我們還接觸到了很多因為這場事故而陷入痛苦中的家庭。他們失去了親人，心情沉重而無助，作為殯葬工作者，我們能夠做的，就是盡我們所能去幫助他們，為他們提供最大的安慰和支持。每一次的相遇，都是一次生命的交織，每一個逝者，都是一個家庭的核心，我們在他們的最後一程中，承擔著無比重要的角色。

總結這次經歷，我深刻體會到，作為一名殯儀館工作者，我們的工作不僅僅是技術性的操作，更是一種對生命的尊重和對家屬的安慰。在每個逝者背後，都是一個家庭的破碎，我們的每一個動作，都應對生命懷著敬畏和尊重。我們是他們最後一程的守護者，每一個細節都關乎著逝者和家屬的心情。因此以最大的專業和責任心，履行我的職責，為每一個逝者和他們的家屬提供最好的服務是理所應當的態度。

#9 分屍

在我的職業生涯中，有許多案件令人難忘，但其中最讓我印象深刻的是中山堂停車場分屍案件。那次事件的受害者是一名女性，她的頭部和四肢被殘忍地分離，這樣的慘狀讓人無法想像她的家屬承受了多大的痛苦。當她的遺體被送到我們第一殯儀館時，悲痛的家屬懇請我們的技術人員對她進行大體修復，希望能讓她在最後一程中能夠保持體面和尊嚴。

我永遠不會忘記那天的情景。遺體送來時，家屬的眼中充滿了絕望與悲傷。他們幾乎是難以組織出完整的話語地懇求，請我們團隊盡最大努力，讓這位逝者能夠在最後的告別中保持完整的形象。這對技術員來說是一項巨大的挑戰，因為遺體的狀況非常糟糕。頭部和四肢被分離，需要技術員仔細地進行縫合和修復。

儘管這樣的工作讓人心情沉重，但我明白這是對逝者和他們家屬的最後一點尊重。我們的目標是讓她在最後的時刻能夠保持體面，讓她的家屬能夠在告別時看到她的模樣是完整且安詳。因此每一步我們都非常小心翼翼，確保每一個細節都處理得當，讓她看起來像是在安詳地睡眠，而不是經歷了如此殘酷的命運。

修復這具遺體的過程與我平時處理大體的方式截然不同。首先，必須將遺體從冰櫃中取出。由於她的身體已經被分成了多個部分，所以我不得不一部分一部分地將她搬出來。先是手腳，然後是身軀，最後是一顆頭，在這個過程中，一般人可能早已被這樣的情景嚇得魂不附體，但作為專業人員，過去確實是要多些心理建設才能維持冷靜和專業，但多年的經驗讓我面對這樣的情況是能更加從容，也沒有絲毫退縮的懼怕。

將遺體的各個部分搬出來後，技術員便開始了修復工作。首先要考慮的是頭部的皮膚狀況，是否能進行化妝。如果遺體陳屍時間過長，皮膚已經腐爛，那麼化妝就變得非常困難。在這種情況下，只能選擇退而求其次，至少將頭部縫回身體上，讓她看起來更完整。

在進行化妝時，很多人會訝異技術化妝師使用的彩妝用品都是精品專櫃等級的品牌，如CD和香奈兒。不得不說這些精品品牌的產品真的是品質優良，能夠在退冰過程中保持妝容不脫落，即使遺體在冰櫃中存放後退冰出水，妝容仍能保持完整，這一點

對於大體修復的工作可說是至關重要。

接下來是修復她的四肢，這階段需要確保每一個部位都能與身體無縫連接，這就要運用專業的技術和工具。過程中，不僅要考慮到外觀的完整性，還要確保她在最後的告別儀式中能夠保持自然的姿態。

這樣的工作雖然讓人心情沉重，但我明白這是對往生者的尊重和給其家屬一點最後的安慰，目標是讓她在最後的時刻能夠保持體面，讓她的家屬能夠在告別時看到她的完整和安詳。

在完成修復工作後，將往生者置在棺木中，準備進行最後的告別儀式。這一刻，她的家屬終於能夠見到她的最後一面，儘管他們知道這一切都已無法改變，但至少他們能夠看到她的完整和尊嚴，這對於他們來說是無比重要的安慰。

這次的工作讓我深刻體會到，技術化妝師的這份職業不僅僅是處理遺體，更是為往生者和他們的家屬提供最後的尊重和安慰。每一次的修復工作都是一個挑戰，而我始終秉持著專業和敬業的態度，為每一位往生者和他們的家屬提供最好的服務。這是我們的職責，也是我們的使命。

#10 SARS期間的告別

在 SARS 期間，整個火葬場的工作節奏被完全打亂。當年政府為了防止疫情的進一步擴散，制定了一系列嚴格的規定。這些規定要求確診者死亡後，遺體必須立刻封棺並送往火葬場進行火化，任何儀式都要在火化後進行。作為火葬場的職工，我們則必須全天候二十四小時待命，隨時準備處理新進的遺體，說真的看著不斷被推進來的往生者，縱使我工作多年還是必須說，SARS 爆發那段時間的工作壓力和心理負擔真是都達到了前所未有的高度。

那段日子裡，我的工作流程上時常會遇到要與接體員相互配合。接體員他們的任務是將確診者的遺體從醫院或太平間運送到火葬場，接體員中有位老張，他的經驗豐富，總是以極高的專業素養來面對每一次運送任務。老張告訴我，SARS 期間他們經常一天要運送多次遺體，這使得他們在雙北的醫院之間不停地奔波，尤其是還要穿防護衣工作，在台灣的夏季，那真是相當相當的辛苦。

記得有一次，老張接到任務，要運送一名五十多歲的男性確診者遺體。這名確診者前一天剛被診斷出感染 SARS，但病情迅速惡化，很快便去世了。遺體需要立即送往火葬場處理，家屬也無法前來幫忙。確診者的妻子因與他同住，照規定就被匡列為居家隔離者，自然無法親自來送丈夫最後一程。最後她通過電話委託老張，希望能在遺體被包裹屍袋之前拍一張照片，讓她能夠看看丈夫的最後一眼。

老張在處理遺體的過程中，始終以家屬的角度去考慮。他雙手合十，向亡者表示歉意，告知因為疫情的關係，家屬無法隨侍在側，希望亡者能夠體諒。接著，老張詳細詢問了家屬，了解亡者生前的飲食習慣，幫忙準備拜飯，這讓遠在隔離中的妻子感到一絲慰藉。最後，在妻子的要求下，老張將亡者最喜愛的衣服和一些紙錢元寶放進了棺木裡，讓亡者能夠安心地走。

那天，老張回來後感嘆地說：「像這樣沒辦法送親人最後一程的狀況，真是讓人看得很無奈。」他的話語深深觸動了我。作為火葬場的職工，我們每天面對的都是這樣的遺憾和無奈。確診者的遺體進場後，我們必須馬上開始火化程序，一切都要快速而高效地進行。這意味著往生者的家屬無法親自參與告別儀式，只能透過我們來完成這一切。

疫情期間的工作流程與以往完全不同，往常的殯葬程序是家屬先辦理死亡證明、助念、引魂、安靈，然後舉行告別式，最後才火化。然而，SARS期間，所有這些程序都被壓縮和簡化，先火化再走儀式成了唯一的選擇，這種改變給家屬帶來了極大的遺憾，他們無法親自送親人最後一程，甚至無法見到親人最後一面。

有一次，我在深夜值班時，一具遺體被送進來。這是一位年輕的母親，她的家人因為被隔離無法來到現場，只能通過電話委託業者代為處理。家屬在電話那頭哽咽著，希望老蕭能夠在火化前為她的母親準備一頓拜飯，並將一些她生前最喜愛的物品放進棺木。這樣的請求在那段特殊的時期並不少見，我們都盡力滿足家屬的要求，讓他們在這個特殊的時期能夠感受到一絲安慰。

在這些工作的背後，是我無數次面對生死離別的經歷。我成了那些來不及告別的死者們最後一程的伴隨者。每次送走一具遺體，我都會默默地祈禱，希望逝者安息，也希望這場疫情能夠早日結束，讓家屬們不再承受這樣的痛苦。

這段特殊的工作經歷讓我深刻體會到生命的脆弱和家屬的無奈。我不僅僅是在執行任務，更是在用心去幫助每一個家庭度過這段艱難的時光。疫情期間的殯葬工作，雖然充滿挑戰，但我始終堅守在第一線，用專業和敬業精神，為往生者和他們的家屬提供最好的服務。這份責任感和使命感，將永遠激勵著我前行。

#11 夜半探屍

在化妝室工作的這些年裡，我遇過不少特殊的狀況，但有一個深夜的經歷，至今讓我印象深刻。那是某個凌晨一兩點，我和同事正在值班，準備處理一些例行的事務。這時，突然聽到殯儀館大門外傳來一陣騷動聲。我和同事一開始以為是有人路過，並沒有太在意，直到聲音越來越近，我們才意識到情況不太對勁。

沒多久，一個醉醺醺的男子踉踉蹌蹌地闖進了殯儀館。他滿身酒氣，步伐不穩，嘴裡不斷念叨著說要探視一名往生者。我們看著他那副模樣，知道這肯定不是正常的探視請求。按照規定，探視遺體的時間是有嚴格限制的，特別是凌晨這個時間段，根本不可能允許任何人進行探視。我們試圖用和緩的語氣向他解釋，但這名男子顯然已經醉得失去理智，根本聽不進去我們的話。

他開始大聲嚷嚷，情緒變得越來越激動，甚至威脅要「鬧事」，引來其他人的注意。我們當時感到十分為難，既要考慮到規範操作，又不希望事情鬧大影響殯儀館的正常秩序。眼看男子越發失控，我們商量後決定暫時妥協，滿足他的要求，以便平息這場風波。

男子說要看的是位於冰櫃第四層的一具女性遺體。因為女性體重較輕，往往會被放置在冰櫃的上層，以便日後移動。我們找來平常用來攀爬的梯子，並將其靠在冰櫃旁，讓男子可以爬上去看遺體。我們小心翼翼地將冰櫃門打開，把遺體稍微拉出一些，讓男子能夠看清楚。

沒想到，當男子爬上梯子後，他突然整個人鑽進了冰櫃裡。這突如其來的舉動讓我們都愣住了，我和同事在下面看得目瞪口呆，一時間不知該如何反應，但隨即我們也就反應過來，馬上迅速爬上去，試圖將這離譜的男子從冰櫃裡拉出來。

然而，這名男子似乎被某種執念驅使，竟然爆發出驚人的力氣，我和同事兩人一時竟然還拉不過他。他就在冰櫃裡死死抓住邊緣，怎麼也不肯出來，嘴裡還不停地喃喃自語。我們見狀，立刻明白僅憑我們兩個人的力量是不可能將他拉出來的。

迫於無奈，我們只好叫來殯儀館的警衛。在警衛到場後，我們三人合力，才終於將男子強行拉出了冰櫃。整個過程中，男子不斷掙扎，力氣之大讓我們也覺得很不可思議。最終，在我們和警衛的共同努力下，這場荒唐的鬧劇才總算結束。

我們將男子帶到一旁的休息室，給他倒了些水，並試圖讓他冷靜下來。男子坐在椅子上，神情恍惚，眼神迷離，看起來已經對剛才發生的事情沒有了任何記憶。這時候，我們才得知，原來這名男子是為了探視他剛剛去世的女友，因為不堪打擊，他才會在醉酒後做出如此瘋狂的舉動。

那一晚，雖然事情最終得到了解決，但我們每個人的心裡都久久不能平靜。那名男子的行為雖然荒誕瘋狂，但其中隱含的深切情感，卻讓我們深深體會到了生死離別的痛楚。這件事在我們心中留下了深刻的印記，成為我工作生涯中一個難以忘懷的故事。

#12 小小兄妹

在殯儀館工作多年，見過許多讓人心碎的場景，但有些案例卻讓人印象特別深刻。那一天，我負責化妝室的日常工作，接到了一個案件是小兄妹送父母到化妝室進館。往生的是一對夫妻，他們在一場意外的車禍中不幸雙雙離世，留下兩個年幼的小兄妹。當我看到這對小兄妹時，他們一臉茫然，眼神中透露著無助與迷茫，縱使我在這行多年，每天都與死亡共處，但看到這對小兄妹，心裡仍不免泛起濃濃傷感。

這對小兄妹年紀還很小，哥哥大約十歲左右，妹妹則更小，看起來不過七八歲。他們站在進館的角落裡，眼神迷茫，似乎還不明白眼前這場景到底意味著什麼。那一刻，我感受到了一種無以言表的痛楚，似乎所有的悲傷都壓在了這兩個孩子稚嫩的肩膀上。

平時，我與葬儀社的一位大哥相處得不錯，大家彼此間有著默契的合作和深厚的友情。在送進館時讓我不由自主地想要多做些什麼。我走到葬儀社老闆那裡，低聲地請求他能不能在這特殊情況下，替這對小兄妹提供一些額外的幫助。老闆是個非常爽快的人，聽了我的話後，二話不說就從口袋裡掏出幾千塊錢，用白包包好，讓我轉交給這對孩子。

我將白包交給小兄妹的監護人，監護人眼眶泛紅，連聲道謝，但我知道，這些金錢無法真正減輕他們心中的悲痛。我只是希望，這些微薄的幫助能夠在某種程度上給予他們一些支持，讓他們在這個艱難的時刻感受到一些溫暖。

這些年來，我在火葬場遇見了太多不同的生命故事，每一場火化背後都有著各自的悲歡離合。無論是失去父母的孩子，還是孤苦無依的老人，每一個逝去的生命都值得被尊重，每一場火化都應該盡我們所能做到最好。

這份工作教會了我，不僅僅是完成自己的本職工作，更重要的是對生命的敬畏和對家屬的體貼。正因為如此，每當我面對逝者和他們的家屬時，我都會盡全力去做，讓每一位逝者都能得到他們應得的尊重和體面，讓每一位家屬都能感受到我們的關懷和支持。這是我們身為殯儀館人員者應該堅持的信念。

#13 被遺忘的孩子

工作中經常接觸到各種不同情況或背景的逝者，有時候，這些故事會讓我對生命感到沉痛，其中最讓我心痛的例子之一，是一名才年僅國中的孩子。

這是之前我在化妝室服務時遇到的一件案例，往生者是名大約十三、十四歲的孩子，當他被送到我們這裡時，第一眼看到他的身體狀況便感到震驚。他已骨瘦如柴，瘦得僅剩皮包骨，皮膚緊緊地包裹著骨架，幾乎看不出有任何肌肉或脂肪的痕跡。這種狀況即便是我多年在這個行業，也並不常見。

從同事那裡了解到一些關於他的背景故事，這讓我更加感到不捨。據說，這名孩子的父親在婚姻期間與妻子的閨密發生了不倫關係，最終導致婚姻破裂而走上離婚地步。離婚後，這位閨密像是在宣示主權般的態勢，很快地嫁給了孩子的父親，也成為了孩子的後母。然而，這段婚姻並沒有為孩子帶來幸福，反而讓他陷入了深深的痛苦之中。

據說這名後母基於報復的心態，長期虐待這名孩子，不給孩子吃飯，孩子在長期挨餓情況下，甚至到受不了的時候，不得不向鄰居乞討來填飽肚子。鄰居們說，這個孩子的生活看起來非常痛苦，臉上幾乎從未露出過笑容。最令人心碎的是，後來孩子連學校也都沒去，長時間被困在家中，最終在這樣淒慘的情況下離世。

當孩子被社工單位發現時，已經無法挽回他的生命。具體是如何去世的，我不得而知，但知曉的是那名後母後來被移送法辦，並受到了法律的制裁。

這樣的故事讓我在工作時情緒十分複雜，我的職責是為逝者整理儀容，使他們在最後一刻看起來安詳、平靜，彷彿只是進入了長眠。然而，面對這樣一個孩子，心情卻難以平靜。他的身體如此瘦弱，臉龐也顯得蒼白無力，即使技術師試圖通過化妝來讓他看起來較有生氣，但那種深深的哀怨仍無法抹去。

我跟技術師同仁說了這孩子的遭遇，同仁也深深為這孩子感到悲傷遺憾，因此在為他化妝的過程中，手不由自主地輕柔起來，彷彿害怕驚動他的靈魂。很難想像這個孩子生前所曾遭受的苦難，或許他曾經是個活潑開朗的孩子，擁有著屬於他這個年齡應該擁有的無憂童年。但現實的殘酷與無奈，他的生命在這麼年輕的時候便被無情地終結。

在這段工作經歷中，我體會到了這個社會的缺失。如果有人早些發現他的處境，如果有人多點雞婆的心去通報相關單位，或許這個悲劇就不會發生。這名孩子的離世，凸顯社會裡確實有孩子身處困境卻被忽視，那些無助的孩子不該這樣遺忘，我們每一個人都該關注那些可能正在遭受虐待的任何一人，無論是鄰居、朋友，還是社會的每一位成員。

當我完成了這名孩子的入殮工作後，心中默默地為他祈禱，